树干为笔写诗意

紫薇

活体树干艺术造型技术

李木良 李晓红 ◎ 著

中国农业出版社

北京

作者简介

李木良　男，1965 年 5 月出生，贵州江口县人，铜仁市优秀驻村第一书记，铜仁学院高级农艺师。

从事主要农作物、观赏植物栽培与技术研究三十多年，先后参加了贵州省水稻、小麦垂直生态研究，贵州省水稻、小麦区域试验，铜仁市杂交水稻高产示范基地建设，贵州省两系杂交水稻生产试验示范，杂交油菜高产示范与推广等项目的研究与示范推广工作。参加"城乡支部联建、'四帮四促'干部"活动服务基层 3 年，参加同步小康驻村工作 2 年，参加脱贫攻坚行动驻村 3 年。

自 2012 年建立紫薇科研生产基地 120 亩以来，先后承担"紫薇干型培育与控制技术研究""紫薇新品种引种、示范与推广""贵州省中小企业知识产权战略推进工程""贵州省知识产权优势企业培育工程""紫薇直干单株培育及弓式育干栽培方法的产业化应用与推广""铜仁市特色旅游景观创新研究——火棘资源圃建立与利用评价"等省、市科研项目课题 6 项，参加省、市 25 项科研课题工作，参与《梵净山食用野菜》《园林植物识别》等著作的编写。

参与的杂交油菜高产示范与推广项目获农业部丰收计划二等奖。在国家知识产权局申请专利 89 件，其中紫薇 82 件、地果 5 件、火棘 2 件，是一名既有一定理论基础又有实践经验、创新能力较强的科技人才。

李晓红　女，1971 年 7 月出生，贵州铜仁市人，铜仁市农业科学院农艺师。

从事主要农作物、观赏植物栽培与育种研究，选育品种铜玉 3 号获铜仁市科技进步二等奖。

自 2008 年以来，先后参与“紫薇干型培育与控制技术研究”“紫薇新品种引种、示范与推广”“贵州省中小企业知识产权战略推进工程”“贵州省知识产权优势企业培育工程”“紫薇直干单株培育及弓式育干栽培方法的产业化应用与推广”“铜仁市特色旅游景观创新研究——火棘资源圃建立与利用评价”等省、市项目工作，是一名敢于挑战未知领域、富有创新精神的科研人员。

引言——我的紫薇情缘

李木良

参加工作五六年，主要田间搞科研；
水稻小麦和油菜，上半年到下半年。
时至一九九三年，单位改革出方案；
差额拨款钱不够，人人承包去找钱。
市场经济刚显现，结合专业把路选；
工人十个干部三，开发建设花木园。
考察学习到昆明，上关见到炎黄瓶；
紫薇树干是活体，一十二株靠接成。
二十四枝网状形，纵横交错靠接成；
树干大小一样粗，树身周正形如瓶。
荣获嘉奖因树身，镇园至宝立大门；
花繁叶茂色诱人，树干艺术成上品。
粗细一致树干身，接点愈合痕平顺；
左思右想法不通，耿耿于怀心中存。
回程种苗十三春，紫薇花瓶常挂心；
依书研读五十本，终无心得闷沉沉。
二〇〇六刚开春，造访昆明创始人；
拜见异人叫白忠，开口只教大学生。
学历低浅心自恨，围观花瓶一日整；

身为男儿不气馁，树干艺术要理清。
二〇〇八夏初进，移植苗木刚栽稳；
未及浇水苗弯头，此景惊醒梦中人。
嫩枝柔软易变形，木质硬化干形定；
终得新源笑开眉，神清气爽三周整。
二〇一〇尊指令，四帮四促下基层；
服务德江高山乡，建议规划紫薇景。
洋山河水五彩样，拔地高山夏秋凉；
紫薇花开合季节，发展旅游奔小康。
缤纷盛开百日呈，繁花妖艳实迷人；
树干艺术再加进，何愁不能成胜景。
悟道紫薇初步程，肚中空空技不成；
我今不做待何时，哪怕虎穴也要行。
结束德江回铜仁，同步小康要驻村；
派往江口桃映镇，紫薇计划心中存。
二〇一三未开春，紫薇基地建小屯；
初建紫薇资源圃，誓破育干技术门。
撤地建市新铜仁，市树市花在评审；
审定紫薇作市花，研究紫薇负重任。
发展产业需着力，驻村吃住在基地；
躬身田间做试验，定向育干心中起。
紫薇研究动了身，汇报科技领导人；
嘱咐科技要创新，产权保护记在心。
技术方案细拟定，专利技术提申请；
分解育干技术点，实用新型和发明。
一件提交二件跟，围绕育干作创新；
分线布点逐步挖，三十七件申请呈。

脱贫攻坚路难行，一驻就是三年整；
依照村情做规划，发展旅游先造景。
脱贫增收实效落，产业落地细斟酌；
春赏樱花夏品荷，秋看紫薇冬观果。
规划认同需力行，这湾转到那山岭；
挖土修路种紫薇，千亩紫薇初建成。
四季花寨客进门，旅游增收脱了贫；
科研能解产业困，为民服务守初心。
紫薇研究不间停，育干技术需深精；
专利布局做分析，深挖细刨再申请。
七十余件已申请，专利授权四十份；
虽然历时九年整，深感研究刚启程。
好花不得四季开，树干造型春常在；
创新利用新技术，苗木成景新业态。
紫薇树干做造型，依据文化设计形；
整体控制各参数，逐一对应需设定。
不论二维三维型，解构单株要分清；
参数控制各单株，参数赋值定株形。
单株育干要成形，紫薇品种作支撑；
品种习性需掌握，用途不同依品性。
嫩枝绑缚模架身，逐步生长培育成；
直干弓式或环式，株形随同模架形。
树干切面可多棱，上下粗细能相等；
多段嫁接干延伸，多株靠接要分根。
单株树干培育成，靠接模架控制形；
各个接点愈合好，整体造型形落成。
树干作画绘图文，神意附着树干身；

形体变化千万般，观花观干皆纷呈。
单体独立能成景，多体排列成阵形；
依文构造主题园，超级汇聚紫薇城。
今以歌谣成简本，抛砖引玉禀同仁；
苗农苗商科研人，若有裨益很欣慰。
自知学浅艺不深，遗漏差错文中存；
敬请不吝多指正，虚心接受作改进。

目 录

引言——我的紫薇情缘

绪论 / 1

第一章 紫薇种质资源 / 3

第一节 紫薇野生种 / 3

一、中国紫薇野生种概况 / 3

二、中国紫薇野生种简介 / 4

三、紫薇野生种栽培与利用 / 9

第二节 紫薇品种 / 10

一、紫薇新品种概况 / 10

二、紫薇新品种简介 / 11

第三节 紫薇育干造型对品种的要求 / 15

一、生长迅速长高快 / 15

二、叶色变化又多端 / 15

三、花色丰富又多彩 / 16

四、各个色系自成群 / 17

五、着生枝态应有异 / 18
六、早中晚花期搭配 / 18
七、有害病菌难入侵 / 18

第二章 紫薇品种资源圃 / 19

第一节 建立紫薇育干造型品种资源圃的作用 / 19
一、紫薇育干造型品种的定义 / 19
二、紫薇育干造型品种资源圃的定义 / 19
三、紫薇育干造型品种资源圃的作用 / 20

第二节 紫薇育干造型品种资源圃选址 / 20
一、紫薇育干造型品种资源圃建设目标 / 21
二、紫薇育干造型品种资源圃规划原则 / 21
三、紫薇育干造型品种资源圃分区 / 22

第三节 紫薇育干造型品种资源圃基础设施建设 / 22
一、道路系统设置 / 22
二、排灌系统设置 / 23
三、其他辅助设施 / 23

第四节 紫薇育干造型品种资源收集 / 23
一、收集前准备 / 23
二、确定品种收集范围 / 23
三、紫薇品种收集方式 / 24

第五节 紫薇育干造型品种资源材料鉴定 / 25

第六节　紫薇育干造型品种观赏性、适应性综合评价　/ 25
一、多层次综合灰色评估法　/ 25
二、紫薇品种观赏性适应性多层次综合灰色评估　/ 25
第七节　紫薇育干造型品种定植　/ 26
第八节　紫薇育干造型品种资源圃的管理　/ 27
一、资源圃管理岗位职责　/ 27
二、资源圃管理制度建设　/ 27
三、资源圃管理工作内容及要求　/ 27
第三章　紫薇的生长　/ 29
第一节　紫薇周年生活史　/ 29
第二节　紫薇叶的生长　/ 31
一、叶片的作用　/ 31
二、叶片生长过程　/ 32
三、叶子的生长顺序　/ 32
四、叶片的寿命　/ 32
五、生长叶龄　/ 33
六、生长出叶速度　/ 33
七、叶片的衰老　/ 33
八、叶龄栽培技术模式　/ 34
第三节　紫薇树干的生长　/ 36
一、树干的结构　/ 36

二、树干的形状 / 36
三、树干颜色 / 37
四、树干年生长阶段 / 37
五、树干的增高生长 / 40
六、树干的增粗生长 / 42
七、侧枝 / 43

第四节 紫薇花的生长 / 44
一、花的形成 / 44
二、开花 / 45
三、影响花期长短的因素 / 46
四、花期延长方法 / 48

第四章 紫薇活体树干定向培育方法 / 50

第一节 紫薇育干方法 / 50
一、嫩枝育干法 / 50
二、直干单株育干造型法 / 51
三、弓式单株育干造型法 / 52
四、环式单株育干造型法 / 53
五、两相栽培法 / 53
六、超长树干单株育干方法 / 56
七、L 式单株育干造型法 / 56
八、L 式几何形单株育干造型法 / 58

第二节 紫薇树冠定向培育方法 / 62
一、“一”字肩树冠培育方法 / 62
二、扇形体树冠培育方法 / 63

第五章　紫薇活体树干艺术造型设计　/ 64

第一节　紫薇树干艺术造型的审美特征　/ 64

一、造型艺术的共性　/ 64
二、紫薇活体树干艺术造型特异性　/ 64
三、树干艺术造型紫薇的审美特征　/ 65

第二节　设计原则　/ 66

一、功能性原则　/ 66
二、艺术性原则　/ 67
三、创新性原则　/ 67
四、经济性原则　/ 67
五、文化性原则　/ 68
六、技术规范性原则　/ 68

第三节　紫薇活体树干艺术造型设计思路与流程　/ 69

一、紫薇树干艺术造型设计思路　/ 69
二、紫薇活体树干艺术造型设计流程　/ 69

第四节　形体设计与文化　/ 70

一、文化范围　/ 70
二、文化特征　/ 70
三、文化与树干形体设计的关系　/ 71
四、文化选取与提炼　/ 71
五、文化符号化　/ 72

第五节　紫薇树干造型设计的构图方式及类型　/ 74

一、紫薇树干造型设计的构图方式　/ 74

二、紫薇树干艺术造型设计的类型 / 75

第六节 紫薇树干整体造型设计步骤 / 75

一、树干形体主题文化设计 / 75
二、依意赋形整体形体设计步骤 / 76
三、树冠设计 / 80
四、根系设计 / 80
五、品种配置 / 81
六、整体形体设计说明 / 81
七、整体形体构造参数 / 81

第七节 紫薇树干造型整体形体结构解构 / 85

一、何谓树干造型形体结构解构 / 85
二、树干造型形体图形结构分析 / 86
三、树干造型形体图形解构方式 / 86

第八节 单株设计与技术图谱 / 87

一、单株结构 / 87
二、构形单株形体类型 / 87
三、单株结构解析 / 87
四、单株成形控制参数解析 / 88
五、单株整体设计图 / 90
六、单株技术参数表 / 90

第九节 紫薇树干造型设计效果评价 / 91

一、评价指标 / 91
二、设计效果综合评价 / 93

第六章　紫薇育干造型模架设计、制作与安装　/ 94

第一节　紫薇育干造型模架的类型、作用和要求　/ 94

一、紫薇育干造型模架的基本类型　/ 94

二、紫薇育干造型模架的作用　/ 95

三、育干模架的要求　/ 96

第二节　育干模架结构解析　/ 97

一、模架结构　/ 97

二、育干模架的控制参数　/ 101

第三节　紫薇育干造型模架设计　/ 105

一、蓖齿式单株育干模架设计　/ 105

二、单株育干模架支撑架设计　/ 106

三、整体靠接成型支撑模架设计　/ 106

第四节　紫薇育干造型模架的制作和安装　/ 107

一、育干模架的材料选择　/ 107

二、育干模架的制作方法　/ 108

第五节　育干模架的维护　/ 109

第七章　紫薇单株树干定向培育技术　/ 110

第一节　紫薇育干苗木银黑地膜覆盖滴灌两相栽培　/ 110

一、滴灌栽培方式　/ 110

二、滴灌两相栽培的优点　/ 110

第二节　育干种苗培育　/ 111

一、育干品种选择　/ 111
二、育干种苗繁殖　/ 111
三、育干种苗培育　/ 111
四、育干种苗质量要求　/ 112

第三节　育干场地培育　/ 112

一、育干场地选择　/ 112
二、苗木培育的理想土壤　/ 112
三、改土方法　/ 113

第四节　制作安装遮阴架　/ 114

第五节　育干苗木栽植　/ 114

一、育干苗木栽植时期　/ 114
二、育干苗木栽植密度　/ 115
三、育干苗木栽植方法　/ 115
四、成活养护　/ 115

第六节　嫩枝定向绑缚　/ 115

一、绑扎物的选择　/ 115
二、嫩枝绑扎时期　/ 115
三、嫩枝绑扎方法　/ 116
四、解绑　/ 116
五、换绑　/ 116

第七节　水肥药一体化方法　/ 116

一、土壤肥力要求　/ 116

二、水肥一体化的好处 / 117
三、紫薇生长需肥情况 / 117
四、土壤养分测定 / 118
五、水肥一体化设施 / 118
六、肥水使用管理 / 120

第八节 紫薇育干苗木病虫害防治 / 121
一、紫薇病虫害种类 / 121
二、紫薇病虫害发生 / 121
三、虫害防治方法 / 124
四、病害防治方法 / 127
五、病虫害综合防治策略 / 129

第九节 高接换头 / 129

第八章 紫薇育干苗木质量分级与检测 / 131

第一节 紫薇育干苗木等级质量概说 / 131

第二节 紫薇育干苗木质量指标 / 132
一、形态指标 / 132
二、生理指标 / 135

第三节 紫薇育干苗木的调查与检测 / 136
一、苗木调查的时间 / 136
二、苗木调查方法 / 136
三、苗木质量形体性状的测定 / 137
四、单株苗木形态指标技术档案 / 138
五、单株分形建档 / 139

第四节　紫薇育干苗木质量综合评价　/ 139

一、育干苗木质量形态指标评定　/ 139

二、紫薇育干苗木质量控制与应用　/ 140

第九章　紫薇靠接育干苗木起挖与运输　/ 141

第一节　紫薇树干艺术造型对靠接成型育干单株移栽要求　/ 141

一、符合设计单株要求　/ 141

二、苗木质量好　/ 141

三、有序取苗　/ 142

四、全部成活　/ 142

第二节　紫薇育干单株起挖苗木的选取与确定　/ 142

一、移栽育干单株苗木的确定　/ 142

二、起挖单株顺序表　/ 142

三、起挖前育干单株苗木核对　/ 143

第三节　育干单株苗木起挖前准备　/ 143

一、制浆土壤　/ 143

二、土壤杀菌消毒剂　/ 143

三、包装材料　/ 144

四、伤口涂补剂　/ 144

五、生根剂　/ 144

六、运输机具　/ 144

七、起苗工具　/ 145

八、育干单株苗木运输支撑架　/ 145

第四节 移栽时间 / 145

一、移栽时间的确定原则 / 145
二、移植时期 / 146

第五节 起挖前育干单株苗木处理 / 146

一、育干单株苗木修剪 / 146
二、切口封闭处理 / 146

第六节 紫薇育干苗木的起挖 / 147

一、取苗方式 / 147
二、切根 / 147
三、浇水去土 / 147
四、解绑出苗 / 148

第七节 出土育干单株苗木的处理 / 148

一、根系修剪 / 148
二、蘸浆护根 / 148
三、根系包装 / 149
四、单株苗木打捆 / 149
五、分形有序装车 / 150

第八节 紫薇育干苗木的运送 / 150

一、平稳运送 / 150
二、一次送达 / 150

第九节 紫薇育干单株苗木卸车和假植 / 151

一、有序卸苗 / 151
二、苗木假植 / 151

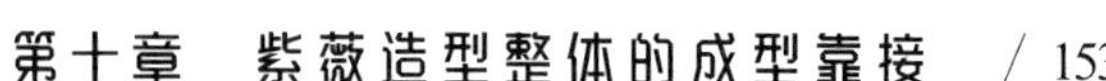

第十章　紫薇造型整体的成型靠接　/ 153

第一节　整体成型靠接培育场地规划　/ 153

一、苗木种植场地选择　/ 153
二、苗木种植场地规划　/ 153
三、种植场地道路规划　/ 154
四、靠接成型苗木排水灌溉设施规划　/ 155

第二节　紫薇造型整体成型靠接操作流程　/ 155

第三节　整体成型靠接前的准备工作　/ 157

一、成型靠接技术图表准备　/ 157
二、整体成型靠接所需材料准备　/ 158

第四节　紫薇整体造型苗木成型靠接　/ 160

一、靠接方式　/ 160
二、原皮靠接法　/ 162
三、单株对位成型靠接　/ 162
四、靠接单株绑缚　/ 164

第五节　靠接苗木壅根覆土与养护　/ 166

一、回填底土　/ 166
二、分层覆土壅根　/ 166
三、浇水护干保根　/ 166

第十一章　整体靠接苗木培育　/ 167

第一节　整体靠接苗木的养护管理　/ 167

一、整体苗木支撑　/ 167
二、根部覆土　/ 168
三、靠接绑缚管理　/ 168
四、喷水护干　/ 169
五、土壤水肥管理　/ 169
六、出芽管理　/ 171
七、病虫害管理　/ 171

第二节　整体靠接苗木育成管理　/ 172

一、整体靠接苗木树干愈合成型管理　/ 172
二、整体靠接苗木的树冠培育　/ 173
三、肥水管理　/ 174
四、病虫害管理　/ 174
五、补光　/ 175

第三节　整体靠接苗木的抑制管理　/ 176

一、控制根系健康生长　/ 176
二、控制单株树冠均衡生长　/ 176
三、防止形体损伤　/ 177

第十二章　紫薇育干造型成型苗木出圃　/ 179

第一节　紫薇育干造型苗木出圃计划　/ 179

一、苗木出圃计划　/ 179

二、策划营销 / 180

三、出圃流程 / 181

第二节 紫薇育干造型苗木成型质量检测与评价 / 182

一、质量概说 / 182

二、质量指标 / 182

三、调查与检测 / 184

四、质量综合评价 / 188

第三节 整体造型苗木起苗 / 190

一、起挖前准备 / 190

二、苗木检疫 / 191

三、起挖苗木的确定 / 192

四、起挖 / 192

五、吊装 / 194

第四节 苗木运输 / 194

一、平稳运送 / 194

二、喷水护干 / 195

第十三章 紫薇育干论谈 / 196

一、紫微育干十想 / 196

二、紫薇育干十样全 / 196

三、紫薇育干十境界 / 197

四、紫薇树干艺术造型十赞 / 199

五、如何花大又整齐 / 200

绪论

紫薇花开百日红，轻抚枝干全身动；
一枝数颖颖数花，舞姿翩跹若惊鸿。
紫薇开花色不同，紫翠红白复色种；
初夏芳华枝头俏，还见花影深秋中。
栽种一千六百年，常移紫薇在皇宫；
神州华夏遍地栽，千年古树尚葱茏。
南北广东到黄河，东起华东至墨脱；
大江南北和东西，原生紫薇十八个。
远古有兽名叫年，穷凶极恶害人间；
吃人吞畜不计数，星君下凡锁深山。
神仙化身紫薇树，家家户户得平安；
房前屋后多栽种，紫微高照结福缘。
自从唐宋到明清，诗词歌赋多有成；
写尽紫薇驻芳华，名句佳话传诗情。
紫薇特质和习性，借物寓意有象征；
唐开元年情更甚，中节省曰紫微省。
紫薇独立能成景，文化丰厚底蕴深；
人见人爱花同赏，评为市花十八城；
五城评定最为先，一九八几九几年；

咸阳信阳先后定，徐州自贡和泰安。
时间跨过两千年，很多城市把它选；
盐城金坛与荆门，贵阳铜仁和十堰。
烟台石狮驻马店，邵阳郴州加宿迁；
紫薇花神多娇艳，以后还要结姻缘。
晓迎秋露一枝新，傲立艳阳成胜景；
别院小庭到农家，堂前屋后见芳影。
门前种株紫薇花，家中富贵又繁华；
文人志士甚喜爱，农夫村妇多栽插。
遍访城市和乡镇，广植紫薇造园林；
紫薇广场紫薇路，笑迎宾朋立大门。
千株万干竞妖艳，汇聚成景紫薇园；
文化融合景有意，游园赏景客不断。

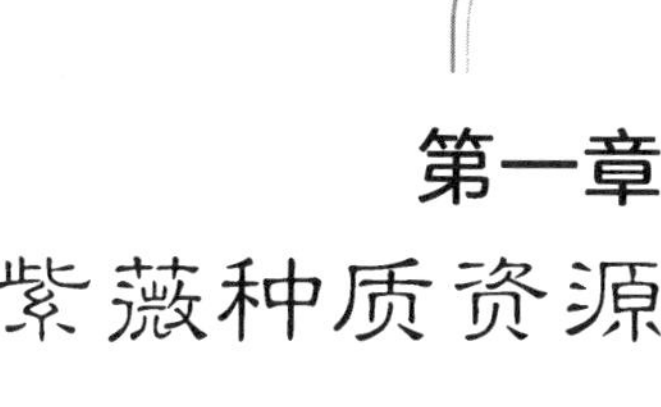

第一章 紫薇种质资源

第一节　紫薇野生种

一、中国紫薇野生种概况

全球种类五十多，二十三种在中国；
原生紫薇十八种，还有五个外来货。
平原地方长得有，西南地区野生多；
南边起于广东省，北方终止在黄河。
跨省紫薇种四个，从南到北紫薇多；
福建浙江南紫薇，华东华南常见过。
特种紫薇有六个，小果紫薇生墨脱；
两个只有云南有，武夷山上狭瓣多。
中南西南比较多，喜欢石灰岩山坡；
湾湾岭岭也能长，还生河滩乱石窝。
花色好看就两个，其他花小多白色；
大花紫薇广东种，大江南北紫薇多。

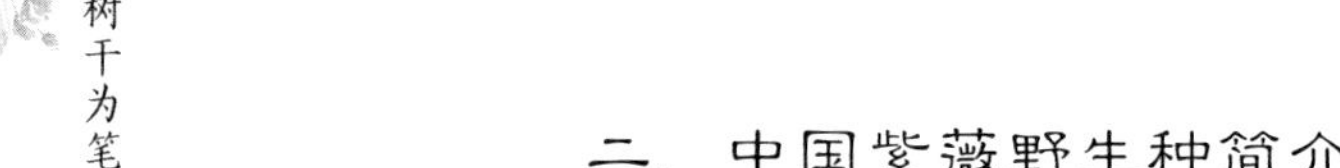

二、中国紫薇野生种简介

（一）中国原产紫薇种

紫　　薇

南从广东至吉林，云南山东止西东；
野生混长在山坡，百姓喜爱种庭院。
红白粉紫笑盈盈，夏秋放花时时新；
亭亭高照送吉祥，爱煞好多紫薇令。

南紫薇

长江流域及以南，常见生长在林缘；
树高可达十四米，喜肥爱湿忌水边。
花朵细小不显眼，至今无人种庭院；
木材坚密质地好，制成家具摆房间。

光紫薇

树林野生光紫薇，产于贺州和巴东；
乔木高大树皮薄，枝叶茸毛难觅踪。
白色花开立树巅，小花花瓣等长宽；
花瓣萼片皆无毛，蒴果黄色形矩圆。

狭瓣紫薇

狭瓣紫薇生石山，卵叶披针顶部尖；
其他地方没见有，从化灵川身影现。
枝叶无毛花序见，花萼外有黑褐线；
花瓣狭长如披针，花开花落五月间。

川黔紫薇

川黔紫薇是大乔，常有古树大又高；
梵净山下紫薇王，四十米高扰风涛。
喜光喜肥忌水涝，生长迅速快抽梢；
幼树难能开出花，有花四月开得早。

云南紫薇

彩云之南至西南，思茅澜沧和沧源；
云南紫薇长山间，向阳山坡见林缘。
落下树皮可入药，保护植物不乱剥；
花大蓝紫貌美丽，喜暖北移难成活。

广东紫薇

广东紫薇生广东，它是中国特有种；
喜光喜肥喜暖湿，根忌生长在水中。
钙土酸土它不嫌，椭圆披针顶渐尖；
花瓣心状形儿圆，可作园林造景观。

网脉紫薇

石灰岩山武鸣盘，网脉紫薇很常见；
叶面脉纹多突起，密集成网最明显。
叶片较小似卵状，小枝光滑柱体圆；
小花洁白开枝顶，花瓣心状成圆形。

茸毛紫薇

茸毛紫薇树高大，西双版纳是原产；
喜暖爱湿稍耐阴，生长强健忌低洼。

枝叶黄毛密扎扎，花序花药也有它；
端午时节花开放，白色淡紫紫色花。

西双紫薇

西双紫薇长疏林，西双版纳和相邻；
喜暖喜光略耐阴，多水土壤长不成。
叶片光滑顶端钝，脉间小脉明显横；
枝上偶有白毛生，花色艳丽白粉红。

桂林紫薇

桂林紫薇产桂林，低矮石山灌丛生；
树体不高成灌丛，喜光耐旱抗寒冷。
小枝光滑圆柱形，叶片椭圆状披针；
幼树开花要四年，花瓣白色近圆形。

毛萼紫薇

毛萼紫薇出海南，树体高大可参天；
喜光喜暖不耐阴，热带雨林它常见。
小脉横行不整齐，枝叶花部黄毛现；
花朵开在六月间，自然生长稍稍慢。

尾叶紫薇

尾叶紫薇在山川，石灰岩山它喜欢；
华南华中经常见，树体高大身伟岸。
枝叶花果毛不见，长长尾巴叶顶端；
白色小花立枝端，开花常在立夏前。

安徽紫薇

安徽紫薇不多见，产于安徽贵池区；
树高常常二米几，相比算它身板短。
叶片两面密毛现，边缘全缘多反卷；
萼内生有褐色环，小花白色开秋天。

福建紫薇

福建紫薇小乔灌，中国特有生福建；
树干通常呈褐色，杭州利川也可见。
小枝圆形黄毛密，叶背脉上毛拥挤；
花瓣粉红和紫色，开花多与立夏齐。

尖叶紫薇

尖叶紫薇乔木型，常与大花紫薇混；
生境习性皆相同，热带雨林见身影。
大花紫薇叶端钝，叶顶尖钝来区分；
花色淡红或紫色，五至七月开树顶。

毛 紫 薇

云南勐海毛紫薇，杂木林中长一堆；
石灰土壤多常见，温暖湿润还喜肥。
枝叶花序灰毛密，花期常在秋冬季；
树干基部萌蘖强，生长缓慢寿命长。

小叶紫薇

小叶紫薇大树身，分布沿海各省份；
叶片椭圆倒卵状，小枝略呈四棱形。

枝叶花果无毛影，花萼长成半球形；
圆锥花序生枝顶，花呈红白和紫堇。

（二）中国引进紫薇种

小花紫薇

小花紫薇产越南，树体属于小乔灌；
喜光耐肥不抗寒，引种栽培在华南。
直立垂枝两品种，花期果实各不同；
直立久开不结果，垂枝开花三周红。

大花紫薇

大花紫薇树高挺，生在印度菲律宾；
叶大花大生长快，喜热爱肥不经冷。
淡红紫色花盘形，常栽园地织好景；
木材红亮质坚硬，根皮入药能治病。

南洋紫薇

南洋紫薇乔木型，引种栽培台湾岛；
马来西亚和泰国，热带雨林常现身。
嫩叶花序黄毛生，花瓣近圆边波形；
萌蘖性强生长慢，栖身山野寿命长。

福利埃氏紫薇

福氏紫薇产日本，株高可达小乔型；
主干脱皮棕红色，白粉侵袭不染病。
白花七月开枝顶，秋叶橙红黄金金；
美国引种华盛顿，育成品种抗白粉。

劳氏紫薇

劳氏紫薇叶常绿，身姿高大成乔木；
此种产地在印尼，温暖湿润显荣枯。
浅粉浅紫花一树，明亮梦幻俏村姑；
落英缤纷铺满地，花影经窗斜入户。

三、紫薇野生种栽培与利用

（一）作观赏树

观赏紫薇看条件，花色鲜艳是首选；
绚烂多色人喜欢，盘大如斗也抢眼。

（二）作木材

质地坚硬体高大，用作木材顶呱呱；
毛萼大花南紫薇，川黔尾叶也不差。

（三）作砧木

多种紫薇白小花，难入法眼不栽它；
移作砧木搞嫁接，华丽转身人人夸。

（四）作药材

紫薇也有各组分，功效药用待精深；
花果根皮入药典，验方偏方福佑民。

（五）作育种材料

不同种类差异大，各有长短和奇葩；
基因重组变化大，奇花异品传佳话。

（六）作育干品种

几种紫薇树高大，幼树几年不开花；
用作造型搞育干，快生快长效果佳。

第二节 紫薇品种

一、紫薇新品种概况

（一）国外紫薇新品种选育情况

选育新品紫薇花，美日法韩先研发；
开始一九六几年，中国晚了四十八。
美国几多育种家，新品选育成果大；
红叶紫叶抗白粉，大红深红复色花。

（二）国内紫薇新品种选育情况

北林两湖林科院，新品选育不让贤；
刻苦勤奋攻难关，八十新品获授权。
多姿多彩紫薇花，六大色系竞芳华；
红紫复色紫罗兰，紫红白色无黄花。
生长快慢差异大，有的早生又快发；
有的开花不再长，有的难得开出花。
高大身正树挺拔，低矮枝细显奇葩；
多为直立或斜生，有的枝条往下趴。

二、紫薇新品种简介

美国红火箭紫薇

美国紫薇红火箭，花色鲜红颜色艳；
六至十月花开放，高抗白粉身强健。

美国红火球紫薇

美国紫薇红火球，花色深红在枝头；
不易感染白粉病，百日花期在夏秋。

美国红叶紫薇

红叶紫薇美国种，新发嫩叶色深红；
花放百日逾夏秋，枝头开花也深红。

丹红紫叶紫薇

丹红紫叶很独特，成熟叶片黑紫色；
花色深红枝顶结，夏秋之季花不绝。

火红紫叶紫薇

火红紫叶大不同，枝顶出花色火红；
叶片成熟变黑紫，从夏到秋花色浓。

赤红紫叶紫薇

赤红紫叶有特点，叶子黑紫随风翻；
深红花开夏秋里，顶上开花姿招展。

飞雪紫叶紫薇

飞雪紫叶也奇特，叶片长成紫带黑；
枝头开花白如雪，百日持续不停歇。

银辉紫薇

银辉紫薇有身形，黑紫叶片枝上呈；
年年岁岁夏秋开，花色清艳如白银。

紫精灵紫薇

精灵紫薇紫叶片，花由深紫变紫蓝；
早开久放密密生，花期长达四月半。

紫韵紫薇

紫韵紫薇新品种，叶片椭圆色紫红；
深粉红色花持久，种成花海最风流。

玲珑红紫薇

紫薇新品玲珑红，细枝小叶矮生种；
入秋开花至初冬，有花开放头顶红。

紫莹紫薇

说到紫莹新紫薇，叶片紫红带深灰；
夏末初开强紫红，持续十月放光辉。

紫霞紫薇

紫霞紫薇如霞光，紫红叶片挂树上；
红紫花色立枝头，六至十月花竞放。

晓明一号紫薇

晓明一号新紫薇，深绿叶子长成堆；
夏至始花深红色，寒露赏花常忘归。

湘韵紫薇

紫薇新品有湘韵，树上叶子绿茵茵；
风姿绰约花粉红，花而不实难为情。

湘彩紫薇

湘彩紫薇色不同，枝间叶片灰紫红；
夏秋开放不间断，头顶出彩深紫红。

粉精灵紫薇

新品紫薇粉精灵，北林杂交选育成；
植株低矮株型紧，夏秋妖艳花浅粉。

玲珑紫薇

浅说玲珑紫薇花，枝条伸出垂向下。
小巧玲珑个低矮，粉红花开逾秋夏。

绚紫紫薇

干皮褐色半直立，花芽红色顶突起；
花萼有棱十二条，深紫红花边不齐。

雅紫紫薇

雅紫绚紫两品种，大多性状都相同；
花上颜色差异大，瓣爪花瓣淡紫红。

鄂薇1号

干形通直冠开张，长势旺盛分枝壮；
花序紧凑着花密，洋红花色艳丽妆。

鄂薇2号

花序紧凑且硕大，开放整齐花密麻；
有味散发是清香，花开红色朵儿大。

鄂薇3号

花序紧凑密度高，整体观赏效果好；
枝头小花深紫色，花开七至八九月。

鄂薇4号

树势茂盛花序大，着生小花密密麻；
七八九月花开放，奇艳洋红眼看花。

鄂薇5号

树体形态灌木状，小花密生花序上；
七八九月花深红，鲜艳动人着盛装。

赤霞紫薇

喜光耐旱适应广，萌芽成枝能力强；
着花密集有微香，深红鲜艳花期长。

四海升平紫薇

树皮浅褐叶片大，粗糙皱缩不光滑；
花序短粗型紧凑，四倍体开粉红花。

红云紫薇

干皮光滑芽不同，新芽绿色后鲜红；
七月以后色变暗，直干枝顶花紫红。

福氏一号紫薇

福氏树冠状圆瓶，叶绿高抗白粉病；
顶生枝端白花小，喜光耐干还速生。

速生紫薇

速生紫薇干正直，侧芽较少分段生；
生长速度快三倍，艳红小花挨得紧。

第三节　紫薇育干造型对品种的要求

一、生长迅速长高快

紫薇育干搞造型，分为大中和小型；
各种形体有高度，都是单株靠接成。
单株高度随造型，长短有别由型定；
短的要有二三米，长的十米都可能。
若想育干快成形，必须单株先育成；
培育周期长和短，生长速度作决定。

二、叶色变化又多端

叶片颜色三系列，绿色红色和紫色；

一个系列多色号，丰富程度胜花色。
老叶能变多种色，主要红黄两系列；
纯色杂色多混合，淡妆浓抹染秋色。
单种成树色纯洁，嫁接一树呈多色；
多种叶色成美景，春秋不同显奇特。

三、花色丰富又多彩

紫薇花色六系列，白红紫色紫红色；
还有复色紫罗兰，各系细分几多色。
一树可开一种色，单色成群很纯洁；
若是花序能整齐，独树成景更奇特。
枝顶组图用多色，各式图案任拼接；
关键排列好花序，成景精美更奇绝。

不同紫薇花色

四、各个色系自成群

紫薇花开六色系，各系还需分仔细；
各系花色上百号，开花早晚不同期。
此事其中藏玄机，好处需要人打理；
细节有成高度起，何处成景自称奇。

五、着生枝态应有异

紫薇树干有高矮，品种差异实难猜；
高的能长四十米，矮的贴地把花开。
高矮应用要分开，分工专用出异彩；
高的育干造大厦，矮的匍匐垂下来。
树干直径有大小，相差多少不知晓；
大的能长二米几，小的一拳能握紧。
树干颜色有不同，灰白褐色和棕红；
若能选育多色干，树干造型更神通。
多色并在一株用，五彩树干大不同；
分栽组合五彩林，板块嫁接有妙用。

六、早中晚花期搭配

紫薇红紫又蓝翠，秋日惊艳放光辉；
各自开花期不一，一种难与君陪伴。
多年试验亲有为，各品花期心领会；
好花还需长久在，早晚花期巧搭配。

七、有害病菌难入侵

艳阳高照花长成，几多病害缠不停；
叶花常因得病死，哪来光艳枝头挺。
纵看各国和各省，危害最大白粉病；
一旦白粉来覆盖，病魔缠身难有景。
想方设法来防病，劳心费神成本增；
品种自身有抗性，惊艳常伴佳人影。

第二章 紫薇品种资源圃

第一节 建立紫薇育干造型品种资源圃的作用

一、紫薇育干造型品种的定义

育干造型要求高，全靠品种要选好；
一是育干好成效，二是观赏价值高。
育干品种好不好，生长迅速第一条；
抗病抗虫花可控，多快好省有成效。
商品价值好不好，优良遗传品质好；
类型丰富多样性，综合观赏价值高。

二、紫薇育干造型品种资源圃的定义

育干造型资源圃，田间紫薇基因库；
各种紫薇齐聚集，功能分区各有度。

各种资源汇成圃，育干造型好基础；
运用自如巧和奇，有圃方才有底数。

三、紫薇育干造型品种资源圃的作用

育干造型走新路，产品创新有难度；
形体构造要精美，花色品种要丰富。
千百万年进化路，紫薇性状亦丰富；
生长有快也有慢，不同花色枝顶出。
优点难得聚一树，不同品种来分布；
各种紫薇品种有，精美方能匠心出。
各品汇集资源圃，育干造型之基础；
一是种条它提供，二是接芽从它出。
谁快谁慢自有数，花色分明有标注；
按需取用随时有，随心如愿奇巧出。
本身就是基因库，各种形状不计数；
有的放矢巧组配，选育新品好基础。

第二节 紫薇育干造型品种资源圃选址

温光条件要适应，适合生长好生境；
土壤疏松肥力好，没有污染土洁净。
水源充足有保证，没有严重虫和病；
产研活动好开展，交通便利好通行。
地势高燥土平整，设施设备有保证；
规模面积能满足，长期安全又稳定。

一、紫薇育干造型品种资源圃建设目标

品种特征和特性，逐一研究弄分明；
各个性状有评定，服务育干和造型。
专类聚集多样性，展示紫薇特异性；
还可创新育新品，游览观光成胜景。

二、紫薇育干造型品种资源圃规划原则

（一）适地适树（引种原则）

圃地一旦经确定，立地条件必弄清；
温光因子是基本，极端高低和平均。
紫薇品种要引进，原地生境情况明；
温光相同或相近，适合生长方才引。
紫薇引种有标准，能够成活长成林；
还要长期能稳定，这是成败最根本。

（二）一圃多用

一圃品种本多变，主要功能能承担；
深度开发作科研，科普教育还休闲。

（三）景观化布局

大圃小圃紧相连，合理布局境自然；
结合人文布资源，游赏胜景不知返。

三、紫薇育干造型品种资源圃分区

紫薇品种资源圃，功能分区有兼顾；
保存品种是主圃，还需配置辅助圃。
主圃面积占多数，还要区分大小圃；
大类花色为大圃，再按花期分小圃。
辅助配置有三圃，因需种苗繁殖圃；
引种过渡观察圃，资源鉴定试验圃。
因需种苗繁殖圃，专门繁殖新苗木；
定向育干高换头，以及其他用苗处。
引种过渡观察圃，新引种苗要暂住；
特征特性需观察，适应检验病有无。
资源鉴定试验圃，各种性状弄清楚；
综合评定有用处，最后定植保存圃。
每个品种栽十株，间距最小三米五；
规模面积要留足，保证以后能增补。

第三节　紫薇育干造型品种资源圃基础设施建设

一、道路系统设置

运输管理要方便，道路必须贯全园；
主支小路总相连，根据需要定窄宽。
大车通行无阻拦，主路通达各小园；
支路能走拖拉机，小路通行要方便。

二、排灌系统设置

资源圃中排和灌，设施建设很关键；
遇旱能灌涝能排，圃中品种都安全。
排水系统分级安，干渠支渠小沟连；
一防地下水位高，二防降雨涝不现。
灌溉系统大小管，大小连通管全园；
需时有水能浇灌，能抗小旱和大旱。

三、其他辅助设施

生产设施因需建，管理用房要配全；
安全防护有保障，经济有效最关键。

第四节 紫薇育干造型品种资源收集

一、收集前准备

收集工作很重要，事前充分准备好；
紫薇种类要熟悉，各地品种应知晓。
引种原则要记牢，避免盲目作稳靠；
目标清楚法可行，计划仔细又周到。

二、确定品种收集范围

品种收集选哪种，目标清楚记心中；

围绕育干观赏性，根据要求选品种。
育干品种习性同，生长迅速往上冲；
树干通直抗病虫，此类育干好品种。
花形有异亦有同，开花有别早晚中；
花香色艳自不拒，换头观赏好品种。
干皮颜色有不同，株型亦有高矮中；
叶大叶小色有异，尽收圃中有妙用。

三、紫薇品种收集方式

（一）当地及周边普查获取紫薇品种

品种建圃不容易，更难做到全和齐；
多想法子和主意，国内国外广征集。
当地品种最适宜，如数家珍知家底；
逐一普查尽余力，记录齐全圃里移。

（二）引种

紫薇品种五十余，跨度十万八千里；
省外洲际有分布，通过引种来收集。
不论品种在哪里，生态条件作对比；
依据当地作选择，适合生长才有益。
确定引种要注意，引进之前须检疫；
病虫杂草防传入，环境安全是第一。
品种资料尽量齐，种质倍数靠采集；
种质如果是枝体，时间选择最适宜。

第五节 紫薇育干造型品种资源材料鉴定

引进品种行不行，还需圃里需鉴定；
品种性状需鉴定，综合评价实用性。
品种特征要分明，茎叶花果和株形；
品种特性需记清，生长发育各进程。
品种抗性要弄清，是否抗虫和抗病；
忍受干旱强和弱，经冬是否耐寒冷。
各个性状记录明，以便综合作评定；
评价结果和要求，保存圃中显身影。

第六节 紫薇育干造型品种观赏性、适应性综合评价

一、多层次综合灰色评估法

紫薇品种观赏性，多个性状组合成；
各个性状做测量，数学模型综合评。
数学评估建模型，两种方法结合成；
一是层次分析法，灰色关联度量衡。
此法具有科学性，结果具有精确性；
量化统计难题解，客观评价观赏性。

二、紫薇品种观赏性适应性多层次综合灰色评估

紫薇观赏适应性，控制性状分四层；

目标约束标准层，评价对象最底层。
第一就是目标层，观赏适应综合性；
总体目标来控制，逐步分解到各层。
第二就是约束层，三个部分来构成；
典型性和特殊性，还有一个适应性。
紫薇观赏典型性，十个性状组合成；
花序数量大小型，花序小花密度性。
小花数量有分明，花序开花整齐性；
开花日期和天数，花色花茎抗病性。
紫薇观赏特殊性，叶片颜色和株形；
干皮颜色差异化，结果多少分几等。
紫薇品种适应性，耐寒性和喜温性；
长势强弱不一致，繁殖难易需肥性。
第三就是标准层，每个性状标准性；
好坏优劣分几等，对比判定能分清。
第四就是评判层，各个性状测分明；
专家逐项分权重，测定结果要判定。
对比标准数值定，构造矩阵方完整；
计算灰色关联度，判断矩阵就确定。
各个性状总分清，综合标准要确定；
总分再与标准比，综合判定属几等。

第七节　紫薇育干造型品种定植

入选品种一落实，保存圃中来定植；
根据设计找区块，确定数量和位置。
鉴定材料可移植，数量不够就繁殖；
品种移植要适时，全部成活方为止。

材料有号又有名，定植完成挂牌子；
定植记录上本子，本子与圃要一致。

第八节　紫薇育干造型品种资源圃的管理

一、资源圃管理岗位职责

品种聚集圃建成，管理职责应分明；
生长动态勤观察，数据采集随补增。
档案资料要完整，育干才有指导性；
专人专管要保密，安全稳定长期性。

二、资源圃管理制度建设

资源收集和入库，规程法律要合乎；
品种引进和出圃，登记管理有制度。
品种情况要习熟，资料翔实莫疏忽；
管理规范有制度，完整保存不失误。

三、资源圃管理工作内容及要求

品种种圃已建成，后续事项须精心；
育干造型之核心，各项管理需认真。
保活品种最根本，大小事务莫看轻；
存在才能保供应，育干造型长久兴。
品种本是活生命，生老病死有变更；
依据苗情动态管，死亡缺株要补正。

若是品种不适应，自然淘汰顺其行；
所有情况有记录，原因必须要注明。
每个品种档案清，文本田间相对应；
动态数据随补增，统一编号标识明。
品种研究要紧盯，挖掘优势方向明；
抗逆抗病观赏性，优质高价效益增。

第三章 紫薇的生长

第一节 紫薇周年生活史

正月立春新年始，冬去春来在此时；
迎接一年新繁荣，紫薇枝根有感知。
雨水渐增温回升，有温有水得活命；
温度不到无法动，根芽还在睡沉沉。
二月惊蛰响春雷，万物复苏不再睡；
乍寒乍暖晃不定，根芽萌动要起身。
春分时节日夜均，气候温暖土潮润；
枝芽膨大叶欲伸，地下根尖在长新。
三月清明天气晴，气温再度往回升；
嫩叶展放一树新，新枝长高往上伸。
谷雨时节大雨淋，温暖湿润万物兴；
叶多叶大快快生，枝高枝粗速速增。
四月立夏夏来临，日照增加雷雨行；
枝叶疯长达鼎盛，几日不见长成林。
小满暴雨多常见，沟塘水满也生患；

紫薇旺盛绿遮眼，土中水多根难安。
五月芒种温度高，气候炎热有风暴；
枝叶生长变缓慢，花芽分化静悄悄。
夏至日长夜最短，高温潮湿热炎炎；
叶芽生长渐停顿，枝头花序看得见。
六月小暑梅雨停，高温干旱热纷纷；
枝叶不长花序挺，早花开放笑盈盈。
大暑时节最高温，酷暑难耐人难忍；
紫薇花开闹沉沉，惊动几多艳阳人。
七月立秋气温降，白天酷暑夜晚凉；
紫薇开花最旺盛，几多惊艳出树林。
处暑降温暑气停，秋高气爽蓝天明；
紫薇花开落缤纷，几多结实果长成。
八月白露天干燥，万物随寒渐萧条；
紫薇开花渐凋零，硕果累累在树梢。
秋分昼夜两均等，寒气暑热相持平；
晚花临枝存风韵，种子成熟果开屏。
九月寒露水汽凝，天气凉爽转寒冷；
叶片变色不再青，老叶惜泪渐飘零。
霜降水汽凝成霜，由秋入冬转收藏；
树叶缤纷染秋色，一年荣光将退场。
十月立冬再降温，也有温暖小阳春；
树枝光秃叶落尽，收枝藏根御寒冷。
小雪晦暗天阴冷，落雨变成雪沾身；
紫薇生长渐停顿，保芽保根为活命。
冬月大雪大降温，气温时常低于零；
紫薇抗寒不怕冷，任凭瑞雪盖树身。
冬至时节温度低，数九寒天风凄凄；

任尔东西南北风，冰压风欺志不移。
腊月小寒天气寒，有水凝结成冰团；
水沾树身结成冰，恰似银妆素裹成。
大寒温度最低端，数九严寒冰连遍；
最怕冰厚树枝断，转瞬即逝到春天。

第二节　紫薇叶的生长

一、叶片的作用

紫薇叶片有差异，大小形状各不一；
种间差异几十倍，作用都是一般齐。
四项功能全聚集，光合呼吸两对立；
吸收水肥靠蒸腾，养分转化有绝技。
紫薇一样要呼吸，气孔就像嘴和鼻；
空气有进也有出，自我调控呼和吸。
叶子空中吸氧气，有机物质被解离；
有机变成无机出，能量利用为自己。
叶有绿色小颗粒，名称叫作叶绿体；
光合作用有能力，制造食物为自己。
光能进入叶绿体，能把无机变有机；
能量储藏有机里，对外还能放氧气。
二氧化碳叶子吸，根系吸水往叶移；
有光来把养分造，自给自足有其力。
根系要把水肥吸，还要运输往上移；
叶子将水来蒸发，吸收运输有动力。
蒸腾促进水肥吸，还把叶温来降低；
没有蒸腾叶烧死，保护自我不受欺。

二、叶片生长过程

叶片诞生在茎尖，最先生长是顶端；
接着生长在边缘，最后生长是居间。
最初茎尖在周缘，表皮下面细胞变；
平周分裂又垂周，侧面突起即叶原。
原基形成又分生，原基增大向上伸；
初期生长成叶轴，原基弯曲向茎顶。
叶轴两侧再分生，分化中脉和叶身；
继续扩展成侧脉，再长叶鞘和叶柄。
叶片原型已形成，边缘皮下又分生；
垂周分裂长叶肉，直至最后叶长成。

三、叶子的生长顺序

紫薇嫩枝是四棱，嫩叶四棱两侧生；
上下两面叶不长，自下而上围绕茎。
侧面两叶上下分，一侧完成对侧生；
每个节上长一叶，交互排列不对称。
直立斜出和平伸，着生姿态随干型；
直立树干成“十”字，平卧叶片左右伸。
不论干姿是何形，叶面朝上身形定；
同侧间距近相等，均匀分布不遮阴。

四、叶片的寿命

春季紫薇叶出生，冬季枯黄就凋零；
经夏繁荣后入秋，前后生活几月龄。

五、生长叶龄

当年主枝叶数明，叶数就是枝叶龄；
最先第一后第二，直到最后要分清。
紫薇类群不同种，当年叶龄各不同；
品种不同也有异，环境影响很分明。

六、生长出叶速度

第一出生叶一龄，数到最后叶长成；
叶龄总数除天数，出叶速度就确定。
如此计算是平均，阶段不同快慢分；
各叶生长有偏差，阶段瞬时都能评。

七、叶片的衰老

（一）叶片衰老的特征

叶片衰老有特征，三个变化最分明；
叶片变色停止长，一命归西叶飘零。

（二）叶片衰老过程

紫薇叶片时时变，衰老经历三阶段；
诱导期和抵抗期，加剧期末叶落完。
阶段变化不一般，较大变化一阶段；
其后变化趋平稳，最后阶段有剧变。
衰老信号达叶片，代谢活动开始乱；

正常生长转衰退，老嫩前后都要变。
基因信息要衰变，合成分解对着干；
万年进化到如今，想着不变也要变。
光合功能大衰减，物质分解难逆转；
机能丧失叶落下，今天衰老为明天。
年龄到期就衰变，也分后到和在先；
先生先老逐渐落，大限来时一起变。
叶片寿命有期限，先有出生后衰变；
适者生存大法则，莫非还能敢逆天？

八、叶龄栽培技术模式

（一）叶片生长三基点温度

叶芽膨大往外伸，萌动要把叶出生；
温度达到快速长，此时温度起点温。
快生速长很旺盛，出叶速度很接近；
虽然高低有变化，都是长叶最适温。
温度升到一定限，叶片不长也不生；
紫薇生命受考验，限制生长最高温。

（二）确定不同品种单干叶龄

单株育干一个顶，独干长叶很分明；
一年生长多少龄，不同品种说不定。
自然环境人工境，品种环境要设定；
反复试验多观察，出叶速度能摸清。

（三）出叶速度和积温的关系

紫薇生长依环境，温光决定眠和兴；
影响叶枝枯和荣，相互关系要弄清。
温度达到开始生，速度随着温度升；
再高生长又减慢，临界生长被叫停。
第一出生叶一龄，以此类推往上升；
几天长出一片叶，活动积温要弄清。

（四）影响出叶速度的因素

紫薇年年叶片新，几十上百陆续生；
叶片生长快和慢，几个因素综合定。
紫薇品种多类型，早中晚熟自生成；
早花品种出叶快，晚花品种慢出行。
起点以上叶动身，高低不同最显明；
高低生长都缓慢，温度最适叶快生。
土壤肥料和水分，肥水不足叶难生；
土不通气根受损，病虫为害叶难伸。

（五）制订叶龄栽培方案

叶片枝条是同伸，一叶一节总对应；
只要长出一片叶，枝长一节长度增。
规律相同是同伸，生育进程能标明；
依据叶龄定措施，育叶育干道理清。
具体场地温光定，人工调节可减增；
育干目标要明确，根据温光定叶龄。
一叶一干同步伸，高度相关一路行；
依据叶龄定措施，育干目标能达成。

苗木长在开放境，影响因素有多层；
叶龄指导来育干，技术方案能制订。

第三节 紫薇树干的生长

一、树干的结构

按照位置和功能，从外到内分五层；
树皮韧皮形成层，边材树心易分清。
树干结构第一层，名叫树皮在表层；
有它覆盖护树身，防止病害来入侵。
树皮下面韧皮部，筛管伴胞纤维织；
糖分从叶往下输，有利长根干增粗。
第三就是形成层，分生组织一薄层；
木质韧皮由它生，高大树木能长成。
往里边材第四层，色浅质软好辨认；
根部吸收肥和水，经它输送到全身。
储藏物质转化尽，木质硬化在中心；
细胞死亡无输送，树体靠它来支撑。

二、树干的形状

紫薇嫩枝四棱形，逐步生长成圆形；
看是圆形不太圆，局部生长不均等。
方形生长成圆形，选择进化是适应；
平面各种几何形，面积最大是圆形；
圆柱生长大容积，为了生存进化成。
紫薇长成乔木型，树体高大需支撑；

超强有力圆柱形，进化选择好聪明。
树干不仅能支撑，上下输送有本领；
遇有外力来入侵，接触最少是圆形。
紫薇树干圆柱形，有的生长不周正；
还有树干呈扭曲，种间差异很分明。
各个种类有野生，多数种类干圆正；
只有紫薇这个种，扭曲凹凸多显明。
扭曲现象分年龄，小树光滑干圆正；
大树树干多扭曲，表面还有凹凸纹。
扭曲生长有原因，主要原因遗传性；
品种之间有差异，仔细比较易分清。
利用扭曲这特性，还能增加观赏性；
中国自古曲为美，扭曲还能把钱挣。

三、树干颜色

紫薇类群不同种，干皮颜色各不同；
大多树干是灰色，多色相间和棕红。
就是紫薇一个种，干皮颜色有不同；
老树小树差异大，树干皮色有淡浓。
每年树干生长中，树干增粗老皮松；
老皮脱落嫩皮长，新旧颜色各不同。

四、树干年生长阶段

（一）新梢开始生长期

自从惊蛰惊雷起，春意融融回大地；
新芽萌动新梢出，进入开始生长期。

紫薇树干不同树皮颜色

嫩叶幼小型有异，长自芽内原始体；
脉浅节短易枯黄，此期又称叶簇期。
紫薇嫩梢才长起，四周暗藏有杀机；
昆虫病害早等待，遭受祸害命归西。
象甲刺蛾是劲敌，吃光叶芽不费力；
感染紫薇白粉病，叶芽卷缩长不起。
有心育干要早起，保叶护芽措施齐；
病虫对象搞清楚，全程护芽志不移。

（二）新梢加速生长期

自从新梢来长起，温度渐渐往上提；
叶片逐步在变大，节间渐渐在变稀。
此前营养靠树体，随叶生长变自立；
出叶速度逐步快，新梢伸长渐有力。
病虫繁殖数量起，暴发成灾是有意；
育干路上莫轻敌，严防死守有余力。

（三）新梢旺盛生长期

温度湿度最适宜，枝叶生长强有力；
叶片密密层层茂，树干圆圆节节稀。
一叶未出一叶起，快生快长叶整齐；
一日不见高三分，育干之人笑眯眯。
高温高湿叶浓密，吸引病虫来聚集；
此期育干高警惕，构造铜墙和铁壁。
此期就是非凡期，紫薇育干高效益；
一期能当一年长，想方设法夺胜利。

（四）新梢减速生长期

酷暑高温亦不利，入秋温度又降低；
新梢生长要降缓，节间不能与前齐。
出叶速度减效益，新梢生长渐缓慢；
先端逐渐木质化，直到停止不移动。
此期育干更费力，遮光防止花芽起；
防止高温和旱涝，尽量免受病虫欺。

（五）新梢停止生长期

育干苗木入冬季，气温下降叶落地；
养分回流到根部，没有光合有呼吸。
不吃不喝体无力，树体暴露无叶蔽；
阳春天气日灼伤，冰天雪地冻坏皮。
入冬病虫要转移，钻入皮缝树干里；
紫薇虽有抗寒力，其实也是危险期。
有心育干莫大意，休眠期间强管理；
清除枯枝和落叶，树干喷药不遗漏；
硫酸亚铁生石灰，兑水喷匀喷仔细。

五、树干的增高生长

（一）枝干的增高生长

紫薇树干高生长，依靠顶端来伸长；
伴随少量居间生，共同作用干伸长。
各个细胞在伸长，顶端分裂组织长；
多种激素共调控，有序调控促伸长。

内源激素有多样，相互作用控伸长；
生长素与赤霉素，乙烯还有其他样。
伸长因素有多样，条件合适才旺长；
根深叶茂协同好，树干快速来伸长。

（二）顶端优势

枝干顶芽有优势，生长激素在控制；
侧芽受控不易长，取代顶芽好位置。
顶芽营养有优势，肥水充足又支持；
侧芽营养难满足，生长自然受抑制。
顶芽生长有优势，育干依靠它支持；
全程位置不易主，主干快长挺且直。

（三）枝干增高生长影响因素

紫薇育干高生长，品种不同有强弱；
温光相同田同丘，早中晚熟不一样。
营养影响高生长，肥水充足长势旺；
肥料缺乏水又少，苗干瘦弱高难长。
内源激素不一样，树干增高受影响；
生长激素促增高，乙烯抑制高生长。
光照影响干生长，强弱效果不一样；
光强植株常矮化，光弱容易成徒长。
海拔高度不一样，同样影响高生长；
高山温低生长慢，低矮温高快生长。

（四）育干苗木快速增高方法

紫薇育干想长高，多管齐下要记牢；
肥水充足偏氮肥，持续供应不可少。
长日强光开花了，只长花朵不长梢；

红橙光照日长少，节间稀长快长高。
温度适宜湿度好，生长快速干儿高；
温湿持续能长久，树干飕飕往上飙。
一个顶芽保持好，芽头不让虫来咬；
侧芽出生就抹掉，顶芽优势不动摇。

六、树干的增粗生长

（一）树干增粗机制

树干增粗要成型，全靠皮内形成层；
向外生长韧皮部，内生木质来长成。
原始细胞纺锤形，平周分裂来形成；
有丝分裂进程慢，慢长亦是遗传性。
增粗因素有多层，条件合适才旺盛；
根深叶茂协同好，树干快速把粗增。

（二）树干直径

紫薇树干多圆形，过心长度是直径；
同是直径两情况，局部平均各分清。
单株树干讲平均，不同高度量分明；
各个位点来加和，除以点数得直径。
不同高度有直径，上小下大规律定；
若还上下一样粗，育干另有大本领。
多株树干说平均，按照单株先算清；
各株相加求总数，除以株数得直径。
育干苗木同时生，同期同境同进程；
平均直径有大小，哪能一样来长成。

（三）树干增粗方法

紫薇树干要增粗，施用细胞分裂素；
浓度适宜控制好，叶面喷施干抹涂。
树干快速要增粗，土壤肥水要充足；
枝叶繁茂高光效，增粗全靠源头输。
树干若想要增粗，增加叶数来帮助；
光合产物制造多，切顶增加侧枝数。
紫薇树干要增粗，最好病虫危害无；
叶片干净能力好，光合制造干劲足。
独干若想成大树，半生等待多孤独；
分成多干同时长，靠接大树十年出。

七、侧枝

主茎生长朝长伸，侧茎要从主茎生；
叶芽原基来发生，俱是由于遗传性。
紫薇生长有竞争，多长叶片迅速生；
多发侧枝载叶片，枝多叶多才能胜。
单株育干修干顶，侧枝多了问题生；
一来优势被减弱，二来树干高难增。
单株育干要完成，始终保持一个顶；
侧枝需要从小抹，最好就是芽初成。
芽小最少耗养分，伤口最小干顺平；
晴天抹除愈合快，毫不放松贯全程。

第四节 紫薇花的生长

一、花的形成

（一）花芽分化

紫薇当年花分化，新枝顶端成花芽；
夏秋开花日日新，惊艳出林人人夸。
有的花落有分化，花梗上面再长花；
此花开放接彼花，辛劳紫薇育种家。
前后分化有序差，由低向高来分化；
花序主轴先分化，接下轴上分枝丫。
轴梗完成长小花，小花分化历期八；
逐步分化各部件，分期说明见如下。
一期茎尖未见发，生长锥体扁平化；
表层细胞排列紧，形状相似一般大。
二期茎尖开始发，锥体伸长宽增大；
膨胀长成半球形，营养充足粗分化。
三期花序来分化，生长锥体再增大；
顶端尖圆变宽平，长成球形很圆滑。
四期花蕾要分化，球体外围颗粒发；
颗粒即为花原基，继续生长把花发。
五期花蕾要分化，原基外围颗粒发；
颗粒即为萼原基，萼片萼筒再分化。
六期花瓣来分化，花萼内现两坨笆；
两笆生长为花瓣，随着蕾体又增大。

七期雄蕊再分化，花蕾中心颗粒发；
此为雄蕊原基体，花药还需再分化。
八期雌蕊再分化，心皮突起子房发；
尔后子房长胚珠，花柱生长在中央。

（二）花芽分化期的应用

紫薇枝顶长花芽，有序分化不复杂；
分化进程要掌握，提高观赏作用大。
要想紫薇花序大，还要小花能多发；
前期基础要打好，分化时期管好它。
一期二期管好它，梗粗枝多花序大；
三期四期管好它，小花数量多增加。
七期八期管好它，每个小花能开花；
花期持续管好它，花大花多效果佳。

二、开花

（一）开花阶段

紫薇花蕾发育齐，接下就是花开期；
根据小花开放数，开花全程分三期。
开花始期第一期，主要依据看花序；
自从花放第一朵，百分之十花序比。
开花盛期第二期，继续开放接上期；
直到剩余花枝比，百分之十有花依。
开花末期第三期，残花开放有余力；
所有花朵全开放，若要相遇等下批。
分清阶段亦有益，花期控制靠管理；

相应阶段法有度，持续开放花有意。

（二）开花期

寅时花萼就裂开，卯时花瓣散开来；
散粉受精为结籽，历时五天花凋败。
花序小花几百朵，次第开放成交错；
前后相距多少天，四十五十不算多。
一树花枝有多少，要看树冠大和小；
各个花序开早迟，百日放花枝头俏。
种类不同相差大，五一开到冬月八；
谁道花无百日红，紫薇长放半年花。

三、影响花期长短的因素

（一）品种因素

品种花期有长短

紫薇进化到今天，花期有长也有短；
早熟品种短花期，晚熟花期长一半。

有果无果不一般

开花结果很自然，有果无果不一般；
有的结果花脱落，有的无果花又现。

品种单一

一种开花期有限，不论品种早中晚；
如果措施用得当，开花期限也能延。

（二）环境条件不适宜

阳光照射需充足

栽花栽到背阴处，背阴地方光不足；
花色清淡花期短，有花难从枝头出。

温湿度适宜

紫薇开花正酷暑，出花遇上高温度；
消耗养分来抵挡，体力不支花落土。

（三）水肥不足

缺　肥

土壤肥水不充足，开花也要生长足；
根系无力叶不富，枯黄瘦弱花难出。

搭配不合理

氮磷钾肥讲配伍，影响开花荣和枯；
氮多徒长开花少，缺磷少钾蕾难出。

积　水

紫薇生长依靠土，水多又把孔隙堵；
根系无氧要腐烂，花儿难把荣耀图。

（四）花枝修剪不及时

花后枝顶未剪除，花瓣凋谢果实秃；
养分供给果长大，看花要等明年出。

（五）病虫害侵袭

只要紫薇长在土，昆虫食源病寄主；
一年四季不分时，你争我夺起冲突。
害虫昼伏夜又出，病菌满天齐飞舞；
随时随处有危害，根茎叶花多堪苦。

四、花期延长方法

（一）品种搭配

选择长花期品种

紫薇品种正确选，花期也有长和短；
早熟品种短花期，晚熟持久在树巅。

无果紫薇

有种开花果不现，花朵脱落蕾又见；
此起彼伏花持久，缤纷飘扬一百天。

早中晚搭配

一种开花期有限，品种搭配花期延；
早中晚熟接一树，开花时间成倍添。

（二）环境适宜

阳光照射需充足

栽花要栽向阳处，向阳地方光照足；
花色艳丽花期长，新花又从故枝出。

温湿度适宜

紫薇开花正酷暑，出花遇上高温度；
环境通风有湿度，少耗养分花长驻。

（三）水肥充足

土壤肥水很充足

土壤肥水很充足，枝叶繁昌生长足；
根深叶茂花繁多，雍容华贵枝顶出。

合理搭配氮磷钾

氮磷钾肥讲搭配，比例恰当又富足；
花序硕大花色鲜，能不妖艳惊客主？

土壤疏松透气好

紫薇生长依靠土，多孔透气好舒畅；
根盛叶繁花富贵，枝头绽放荣耀出。

（四）修剪得当又及时

花后枝顶早剪除，不让结果养分足；
新枝出生长新蕾，时隔不久花又出。
整树枝条来分组，次第修剪搞配伍；
各组有花分批开，此枝花谢那枝出。

（五）必须防治病虫害

白粉褐斑和煤污，介壳蚜虫危害树；
多措并举控制住，身强体健花长驻。

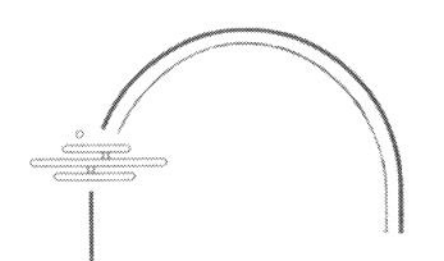

第四章 紫薇活体树干定向培育方法

第一节　紫薇育干方法

一、嫩枝育干法

树干一旦长成型，形体变化难得成；
有限弯转尚可以，做精做细不得行。
大的树干变不了，小的枝干能变形；
大转大弯尚可以，弯曲过度有断痕。
树干都从嫩枝生，嫩枝柔软好变形；
随形绑扎不松动，一旦长成就固定。
老枝发芽叶出生，嫩枝随之也长成；
枝干粗细各不同，节间长短有区分。
一年枝条长几尺，品种各异不均匀；
水肥协调很重要，病虫加害有损坏。

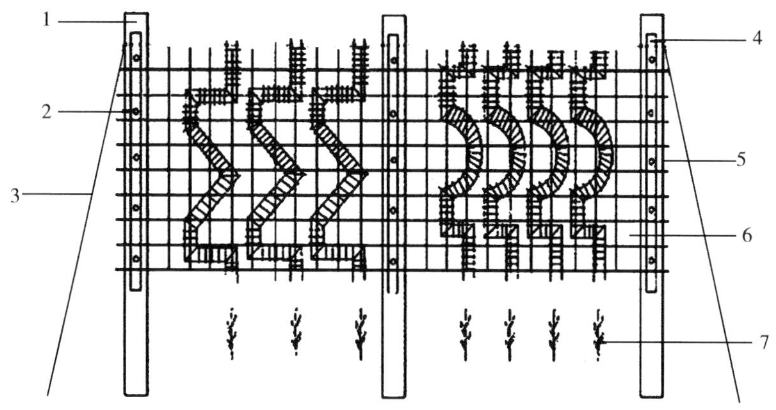

紫薇单株云梯式浸塑金属网梯架嫩枝育干造型法示意

1. 支撑立柱 2. 固定螺栓 3. 固定拉线 4. 压网铁片

5. 造型梯架 6. 支撑网 7. 造型苗木

二、直干单株育干造型法

育干苗木顶芽出，顶端生长终如初；
侧枝见芽就抹掉，下上通直身扶舒。
不偏不倚直干出，过渡顺畅无鼓凸；
树干直径有大小，高低有别不含糊。
直干单株水平拼，愈合形成板块身；
自然树干成柱形，何曾看见板状生。
直干单株水平拼，相间距离又相等；
相向倾斜角一致，愈合形成栅栏形。
多个直干方圆拼，树干紧贴不松劲；
上下愈合成型快，百年大树十年成。
方柱圆柱多干拼，大小根据设计定；
有柱立起廊和屋，树内还可人进出。

三、弓式单株育干造型法

模架弓形提前安，嫩枝随着弓形转；
逐步绑缚变硬枝，弓式树干形体现。
枝段之间成折转，各段有长也有短；
角为直角亦可变，平面直角两次转。
角度长度定弓形，大小长短自不定；
弓中变化各有异，拼接组合构图形。
弓式单株平面拼，立面结成栅栏形；
枝干构造图或文，通透之外还有景。
弓式单株三维拼，立面弯转形纷呈；
围合单体形各异，组合造型更奇惊。

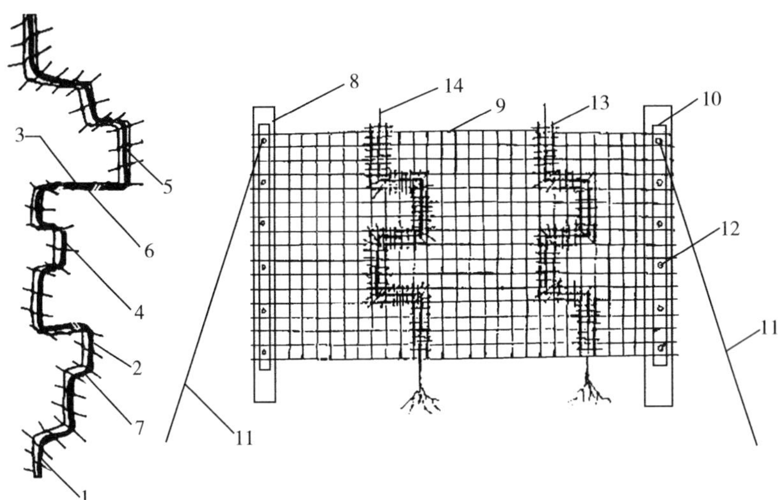

紫薇单株弓式育干栽培示意

1. 弓底 2. 弓面 3. 弓距 4. 一级弓面 5. 二级弓面 6. 一级弓距 7. 二级弓距 8. 支撑柱 9. 支撑网 10. 压网铁片 11. 固定拉线 12. 固定螺栓 13. 弓式育干造型梯架 14. 育干苗

四、环式单株育干造型法

立体物体有高度，高度分层若干数；
每层犹如薄片状，边缘线条环形出。
单株育干成环形，多个环形来加层；
树干外合内部空，灵活多变构其身。
树干段上两个点，两点相靠变成环；
点间连线形多种，环形也有千千万。
连线可以分成段，线型统一也可变；
直线曲线和折线，整体控制一平面。
线上若干控制点，随线外凸或内弯；
上下靠接能封合，环大环小作渐变。
环形单株某种形，全由相应参数定；
依据参数制模架，嫩枝绑缚长成形。
小环一个单株成，大环多个连成型；
若干单株环靠接，愈合一体自成型。
单体多环叠加成，单体组合拼造型；
巧妙设计精细育，成型精美又绝伦。

五、两相栽培法

紫薇谷雨芽起身，叶片快出枝条生；
夏至之后花上顶，树干再难往上伸。
七八九月好光温，花果满枝芽难生；
只盼树干快快长，树干不长心毛闷。
白天黑夜有时长，日长达到花生长；
如果白天有遮挡，继续抽枝花不长。

育干场地阴棚盖，育干苗木倾斜栽；
上部露在阴棚外，基部萌芽长成材。
棚外树冠光充足，营养充足供基部；
棚内萌芽来育干，快生快长如跳舞。
清明之后办法出，顶上调整遮阴布；
缩短日长六七月，育干苗木花不出。
只要温度能满足，育干苗木长高度；
一年育干当三年，时间缩短效益出。

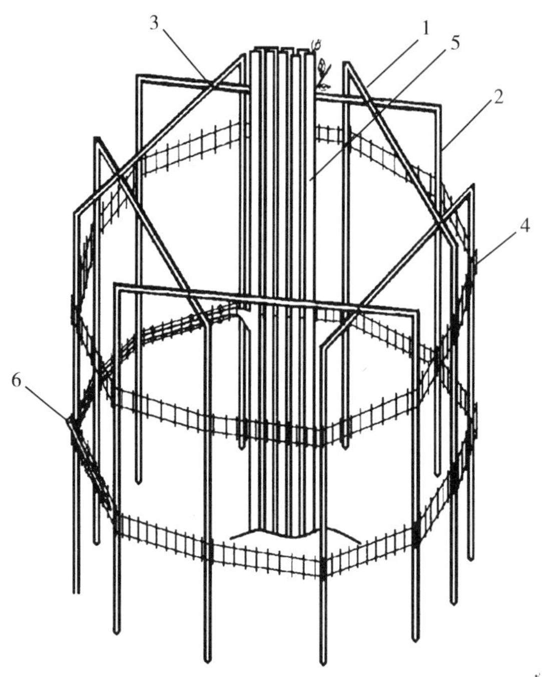

紫薇单株环式育干栽培示意

1. 横干　2. 竖干　3. 连接件　4. 梯架　5. 苗木　6. 嫩枝

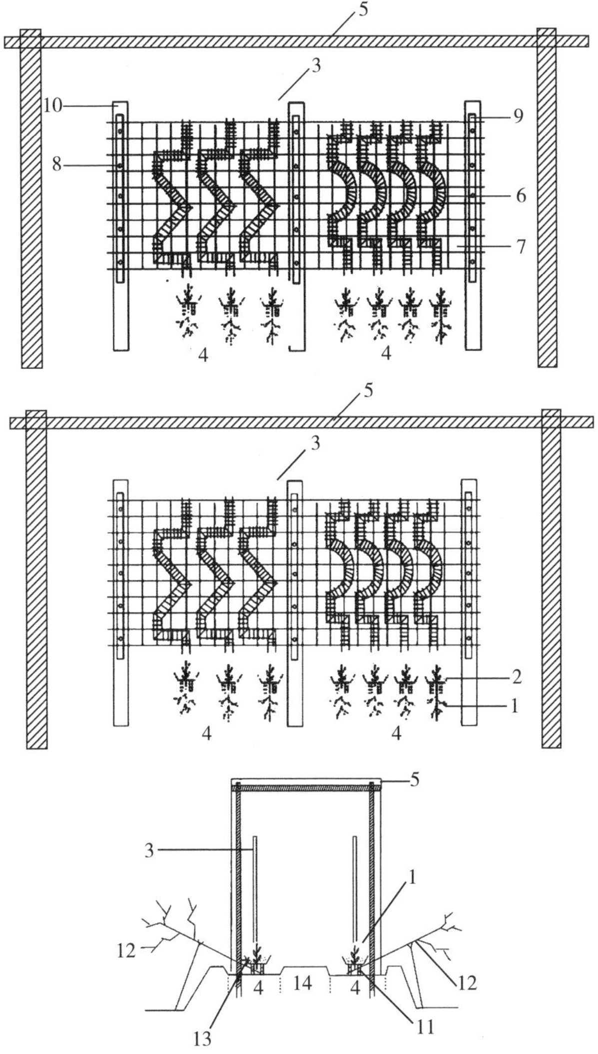

紫薇单株两相栽培育干法示意

1. 根蘖苗 2. 套盆 3. 云梯式浸塑金属网造型梯架 4. 栽培畦
5. 遮阳网及支架 6. 造型梯架 7. 支撑网 8. 固定螺栓 9. 压网铁片
10. 支撑立柱 11. 套盆支架 12. 母本苗木 13. 育根基质 14. 走道

六、超长树干单株育干方法

单株靠接造形状，大小依据单株长；
树干亦有长和短，长短各自定体量。
气势雄伟形体异，有形有势才称奇；
要想实现得有法，树干超长法第一。
普通育干再生长，一年只能那么长；
要想高楼平地起，多干连接是良方。
超长单株图谱定，树干分段各分明；
每段一株来长成，接口位置大小均。
各个单株育成型，顺序连接要分清；
关键接点要愈合，各点愈合方才行。
超长单株方圆拼，愈合形成立柱型，
柱体高大平地起，高楼大厦能立成；
超长树干有多型，组合靠接形自成；
千年不见这样长，蓬莱仙岛也不生。

七、L式单株育干造型法

紫薇树干要造型，单干难以长成型；
多干靠接是方法，根多根密伤脑筋。
有限空间搞竞争，不是死来就是生；
根系不活干难活，根活树干才成型。
育干苗木定了根，L形模架安装成；
苗木发芽枝要生，绑缚模架成水平；
水平长成再朝上，树干形状成L形。

树干定向成L形，干根位置能移分；
树干靠接尽如意，根系各有空间生。
根有空间如意伸，上下贯通机缘生；
叶茂干粗旺盛长，奇思妙想方能成。
平伸树干长几分，具体造型具体定；
朝上树干长何形，留与下回再讨论。

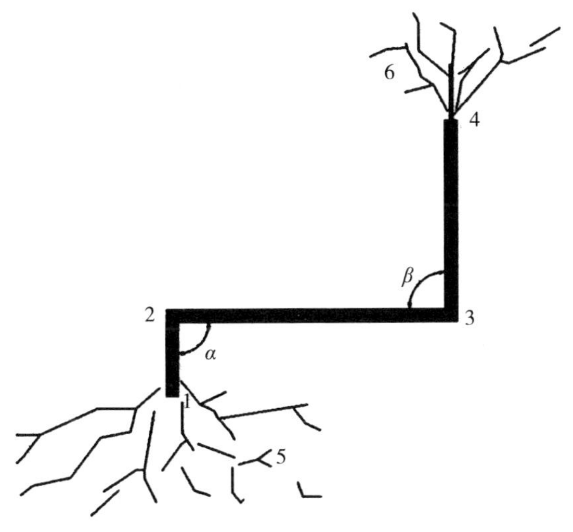

紫薇L式单株结构示意

1. 根颈点（根系5与树干1～2的连接点）
2. 拐点（该点以下树干1～2及该点以上树干2～3偏离树干1～2段的拐点）
3. 拐点（该点以下树干2～3及该点以上树干3～4偏离树干2～3段的拐点）
4. 出枝点　5. 根系　6. 树冠
α. 树干段1～2与树干2～3之间夹角　β. 树干段2～3与树干3～4之间夹角

八、L式几何形单株育干造型法

水平树干已长成，朝上出枝成L形；
朝上树干长何形，自己心知肚要明。
整体设计定分明，单株枝谱自确定；
根据枝谱来育干，需要何形育何形。
一段树干能长成，两点之间有多形；
上下左右任其长，两点分离或合生。
两点分离成线形，直线曲线转折成；
两点合生成环形，三角圆环任意形。
树干分段巧经营，树干树冠空间分；
各就其位自成景，奇幻景象妙趣生。

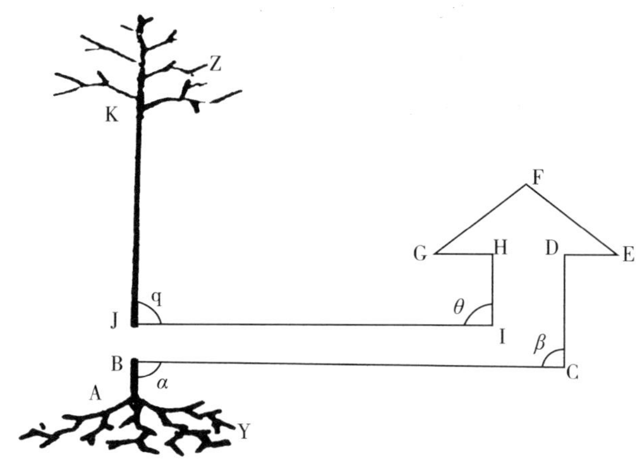

紫薇单株L式三角形单株结构示意

A. 根颈连接点　B～J. 树干拐点　K. 出枝点　Y. 根系　Z. 树冠
α、β、θ、q. 树干之间夹角

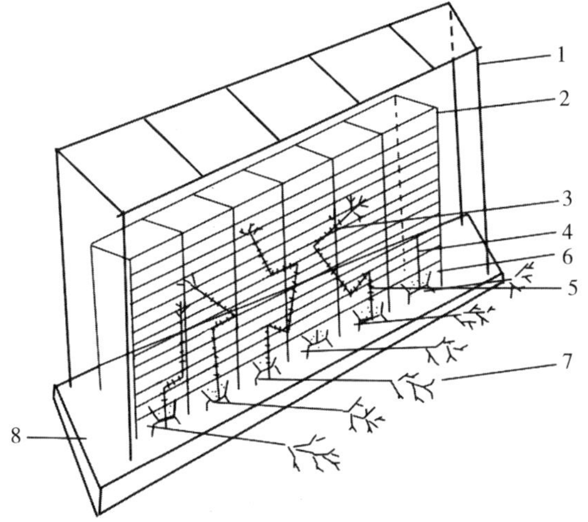

紫薇单株L式三角形单株育干栽培示意

1. 阴棚支撑架及遮阳网　2. 育干模架支撑架　3. 育干模架及育干单株
4. 根蘖苗育干单株　5. 根蘖苗育干单株及育干模架　6. 压根盆、基质及支架
7. 育干苗木　8. 土壤栽培厢

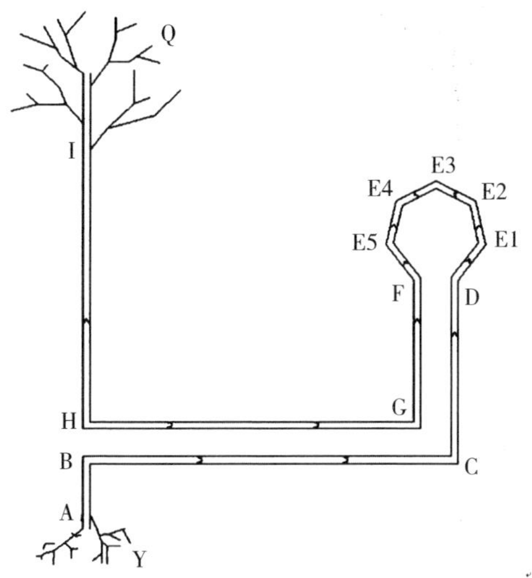

紫薇单株L式多边形环形单株结构示意

A. 根颈连接点　B～I. 树干拐点　Q. 树冠　Y. 根系

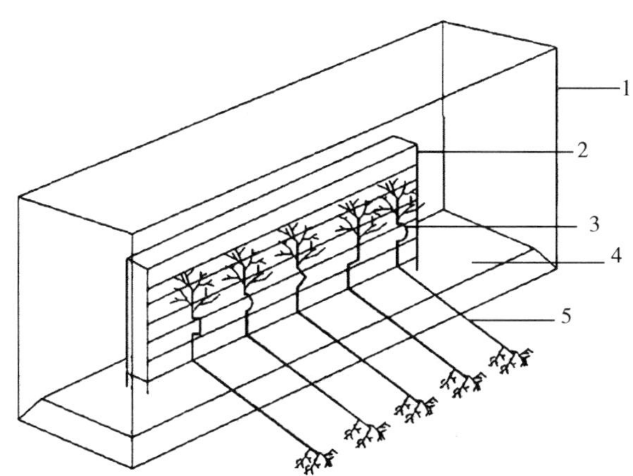

紫薇单株L式几何环形体单株育干栽培示意

1. 遮阳网支撑架　2. 分段育干模架支撑架　3. 分段分型定向培育单株和育干模架　4. 栽植厢　5. 育干苗

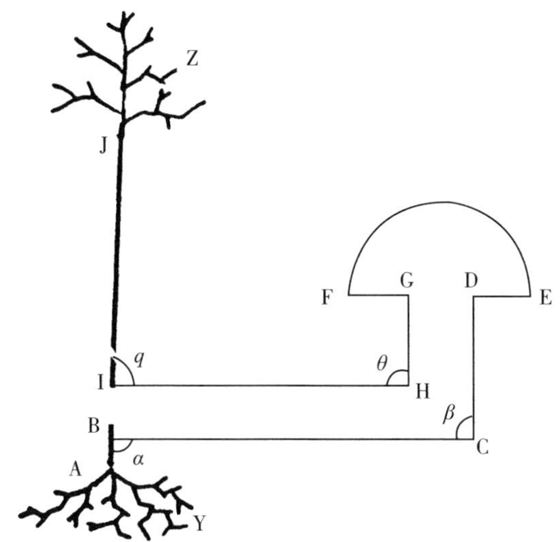

紫薇单株L式半圆形体单株结构示意

A. 根颈连接点　B～I. 树干拐点　J. 出枝点　Y. 根系　Z. 树冠　α、β、θ、q. 树干之间夹角

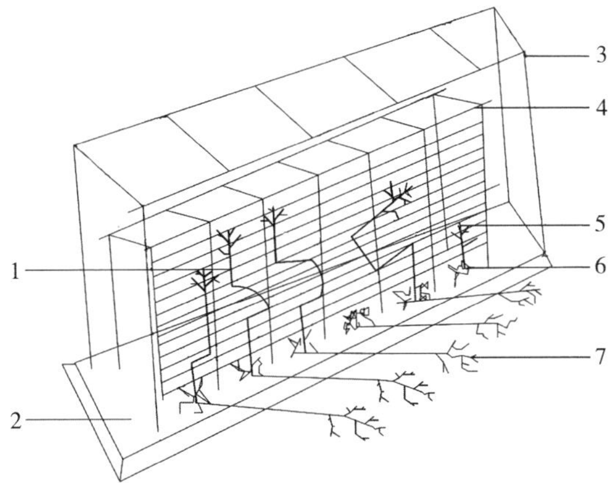

紫薇单株L式半圆形体单株育干栽培示意

1. 育干模架及育干单株 2. 土壤栽培厢 3. 阴棚、支撑架
4. 育干模架支撑架 5. 根蘖苗育干单株 6. 压根盆、基质及支架 7. 育干苗木

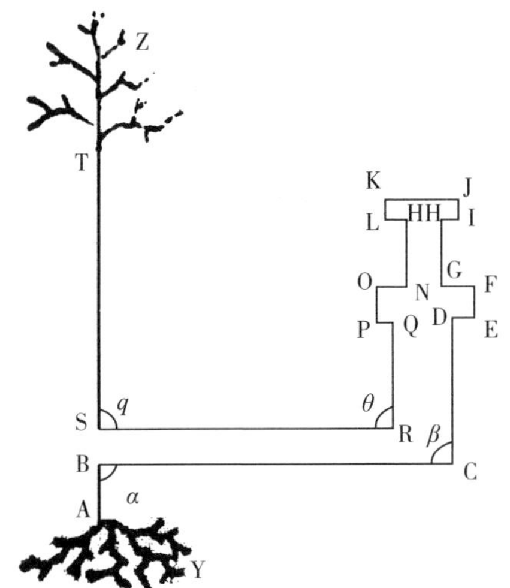

紫薇单株L式I形体单株结构示意

A. 根颈连接点 B~S. 树干拐点 T. 出枝点 Y. 根系 Z. 树冠

α、β、θ、q. 树干之间夹角

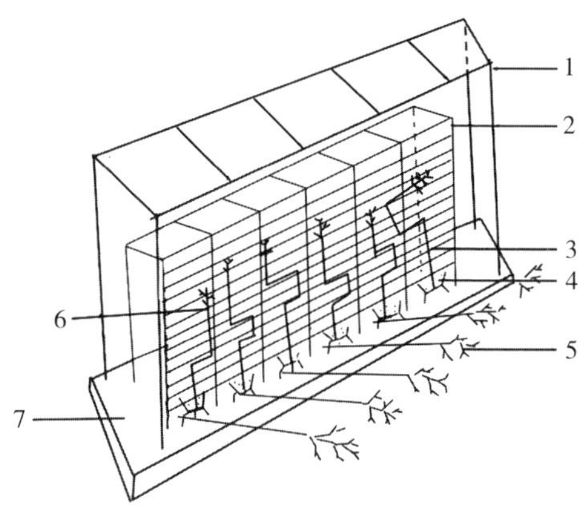

紫薇单株L式Ⅰ形体单株育干栽培示意

1. 阴棚、支撑架 2. 育干模架支撑架 3. 根蘖苗育干单株
4. 压根盆、基质及支架 5. 育干苗木 6. 育干模架及育干单株 7. 土壤栽培厢

第二节 紫薇树冠定向培育方法

一、"一"字肩树冠培育方法

完成育干树干段，造型树干有终点；
往上单株要出枝，枝叶构造单株冠。
伸出两枝在终点，两枝相对一条线；
枝与树干成直角，干顶冠形"一"字肩。
水平出枝"一"字肩，变化角度成斜线；
两枝可以相对出，也可一枝形成冠。
单株树冠"一"字形，组合排列成平顶；
排列布局变化多，构造各种平顶形。

二、扇形体树冠培育方法

单株树干育成形，干段终点能确定；
终点之上要出枝，主枝侧枝成扇形。
干顶树冠成扇形，主枝侧枝能构成；
一个主枝能成冠，多个主枝也能行。
扇形也有多类型，平扇立扇斜扇形；
厚度大小有区分，依需控制冠形成。
单株树冠成扇形，组合构造大冠型；
圆锥冠体半球体，多种冠型能构成。

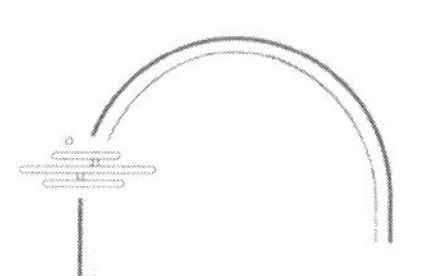

第五章 紫薇活体树干艺术造型设计

第一节 紫薇树干艺术造型的审美特征

一、造型艺术的共性

紫薇树干作造型，模仿自然某种形；
提炼归纳作改造，成形具有创造性。
树干为线构造型，合理布局藏意境；
对比均衡和比例，成形具有艺术性。
紫薇树干作造型，成形精美显精神；
观赏休闲能遮阴，功能实用服务人。

二、紫薇活体树干艺术造型特异性

紫薇树干作造型，全程有形有生命；
活体艺术能呈现，文景融合观赏性。
树干一旦成了型，生长休眠交替行；

长高增粗难逆转，连续生长动态性。
树干为线可构面，连续拼接结成板；
相交合成网状面，线面构造形体现。

三、树干艺术造型紫薇的审美特证

（一）生态文化特征

紫薇树干造成型，树干本身活体性；
上长叶片还开花，下连根系土中生。
叶片吸碳放氧气，二氧化硫能消去；
花姿艳丽供观赏，不遗余力净空气。
根系广布土壤里，紧固土壤不流失；
分泌土壤益生菌，杀菌解毒不言语。
紫薇栽培数千年，绿化环境美家园；
友好相处教化人，持续和谐生态观。

（二）文化载体特征

星君化作紫薇身，驱邪避凶福临门；
房前屋后多栽植，紫薇高照行好运。
喜爱紫薇入人心，选评市花十八城；
人文魅力它代言，彰显精神和文明。
树干纹样可设定，图文显见藏于形；
寓教于文感化人，树干承载文化性。

（三）审美特征

树干形体大小型，花艳形美观赏性；
药用保健利于人，多种有益显功能。

大型形体能进人，遮阴休闲舒适性；
文景合一情交融，可居可游如画境。
活体树干作造型，技艺精湛方能成；
树干平直或竖行，纵横交错成于形。
单株定向培育成，多干靠接成有形；
无数接点合一体，娴熟专攻技艺性。
方圆曲直树干身，交错并列结合紧；
对称均衡和统一，合理布局成于心。
形有小体和大型，似像非像具象性；
动物建筑皆可拟，形意和美综合成。

第二节 设计原则

一、功能性原则

树干设计成何形，第一原则具功能；
赏者使用有实效，心理需求有象征。
生理心理需求性，物质精神两功能；
有的放矢满需求，精准设计方向明。
物质方面有功能，服务生理功能性；
有效实用是核心，综合设计赋予形。
精神方面有功能，审美认知象征性；
不论形体大和小，引导感受有对应。
肌理认知体和形，纹样符号有象征；
形体寓含文和理，人景交会情顿生。

二、艺术性原则

单株树干可分点，分段运用即成线；
点线构造形成面，线面纵横形体现。
有机组合形多变，符合原则才美观；
构形原则有五点，牢牢把握记心间。
统一之中灵活变，尺度大小比例观；
相互对称有均衡，韵律交替节奏感。
独立形体亦包含，对比调和多体间；
独立综合寓于形，灵活运用不呆板。

三、创新性原则

观赏需求有多变，依靠设计来体现；
形体设计要创新，全靠思维有灵感。
抽象思维逻辑观，概念推理作判断；
设计语言或技术，支撑创新能显现。
针对需求作改变，不惧困苦与艰难；
创新设计新理念，突破传统或反叛。

四、经济性原则

造型终究服务人，观赏使用是基本；
二者功能可兼顾，经济实用须秉承。
单株组合构体形，相互靠接来完成；
靠接方式有不同，决定用量减和增。
单株培育有过程，粗细高矮有分明；

超高粗大周期长，完成培育成本增。
靠接稳固耐用性，设计接点针对性；
观赏使用长久在，精心设计作调整。
整体构造能完成，功能价值有保证；
形体设计需考虑，成本最低经济性。

五、文化性原则

树干造型有意蕴，体现文化是灵魂；
文形融合巧构思，无文无意难动心。
不同民族文化性，演进发展有特征；
针对选取有区分，人文对应地域性。
文化设计符号性，精思巧构赋予形；
对应内涵要精准，形神兼备为上乘。

六、技术规范性原则

树干设计独特性，不同其他作造型；
整体各部成形好，技术规范是保证。
构形树干有直径，粗细统一一致性；
约有差异能允许，形体美感自然生。
设计整体大小形，移动搬运限制性；
解构整体成部分，方便操作能完成。
树干再小有直径，空间构形有限定；
树干不比笔画线，细密造型难完成。
能够实现是准绳，设计全程不放任。
技术规范依标准，形体设计要遵循。

第三节　紫薇活体树干艺术造型设计思路与流程

一、紫薇树干艺术造型设计思路

树干为笔又为线，线条组合形体现；
模仿具象源自然，外师造化得心源。
成形惟妙又惟肖，似像非像能做到；
树干构形有意味，神形兼备自美妙。
自然具象勤观察，基本特征熟悉它；
搜尽奇峰打草稿，蕴藏于心好谋划。
抽象具物作概括，提炼描绘形轮廓；
构图简化巧取舍，似像非像雏形落。
文化符号细琢磨，成图赋干巧融合；
反复推敲构形体，成形精美与意合。
逻辑思维和形象，构造图形细思量；
文形符号于一体，成形必须有意象。
形体变化依联想，丰富创意靠想象；
成形构造有方法，神形兼备必主张。

二、紫薇活体树干艺术造型设计流程

树干设计成造型，设计过程有序性；
主要环节分四步，分步依序来完成。
文化选取第一步，具体定位弄清楚；
内容提炼符号化，文形融合有思路。

整体设计第二步，参考物象形选出；
纹样结构和参数，对应整体作表图。
解构整体第三步，整体解构成单株；
位置对应有顺序，重构形体不差误。
单株设计第四步，单株依序弄清楚；
单株干形设计好，成形靠接有图谱。

第四节　形体设计与文化

一、文化范围

自从世间有了人，繁衍生息在抗争；
文化因人而诞生，全部精神来构成。
人类活动集精神，创造发展有传承；
所有精神总汇合，衍生文化和产品。
文化包含很广泛，哲学政治和语言；
社会经济和技术，宗教仪式及地缘。
组织制度和血缘，服饰建筑和用餐；
各种艺术全包含，生产生活器物件。
一一列举难道全，一切都与人相关；
根据需要作选择，设计致用方为先。

二、文化特征

文化形成有特征，内涵凝结富生命；
源于自然是本性，人为改造创文明。
文化具有社会性，群体积累和传承；

个体实行能享用，共同接受并遵循。
文化因人而诞生，服务于人普遍性；
地域不同有差异，还有不同民族性。
人类生活依环境，文化高低有区分；
信仰习惯存异同，文化具有地域性。
时间生命双并行，文化逐步在递增；
时期不同有分别，文化也有时代性。

三、文化与树干形体设计的关系

设计树干成于形，审美价值有提升；
科学文化是基础，加工整理方成景。
文化转化赋予形，服务于人具功能；
满足观赏有实用，文形融合艺术性。
树干形体具象呈，文化赋形是灵魂；
象征精神慰心灵，凝聚价值成高品。

四、文化选取与提炼

文化博大又精深，选取提炼依准绳；
思想观念要摆正，道德规范合精神。
细审文化思想观，道法理念遵自然；
文化生发合规律，思想价值要突显。
区域族别虽有分，文化异同有纷呈；
千万民众能共识，合乎民意是根本。
文化有源也有根，思想观念有差分；
求同存异为和平，谋求幸福古到今。
文化创造在于人，日积月累有传承；

蕴含精神作指引，生生不息教化人。
经世致用依精神，化成于胸激励人；
风俗习惯和生活，自守中和显精神。
人与自然作抗争，奋斗不止为文明；
寓理于礼教化人，和谐相处德支撑。
仁心长存德自高，己所不欲勿施人；
人间博爱永传承，长久安宁敬如宾。
中华美德讲诚信，表里如一诚于心；
外信于人承使命，合而为一且永存。
选文取意谨遵行，精准提炼赋予形；
依托传统作创新，神形兼备品上乘。

五、文化符号化

（一）文化符号化的作用

文化传承到如今，千百万年约定成；
创造衍生到传承，记录对象符号性。
约定成俗共知认，符号具有各特征；
关联对象有映射，符号对应作指称。

（二）文化符号与树干造型设计

设计树干成于形，产品具备两功能；
一是对人有实用，二是承载精神性。
文化符号赋干身，树干有形能传情；
图纹韵意人能知，合情合意好产品。
树干组合构成形，结构形体是表征；
图形样式千万般，象征意义有对应。

（三）文化符号化方法

树干构造图案方法

树干作线基本形，直线曲线皆可成；
平行交叉作组合，多线构造图案形。
一种线形能造型，多种线型丰富性；
相对位置各有序，线数多少大小型。
线间组合多形式，纵横交错构图形；
图案符号能合文，内涵象征喻精神。

树干构造文字方法

文字原本符号性，记录文化普遍性；
文字组合成文本，丰富多彩有共性。
紫薇树干造字形，全靠枝条尚幼嫩；
枝条幼嫩好弯转，笔画边缘围合生。
笔画之间有离分，细丝连接共一身；
有的笔画有围合，破开围合作切分。
字间连接首尾拼，同侧上下连接身；
也有轴线相连接，也有连接距最近。
树干长长文字形，多字组合长书文；
背板承载活体字，树干书法成造型。

树干表面凹凸纹样图案成形法

紫薇树干横切面，原本长成就是圆；
如在圆上加外力，束缚挤压圆改变。
圆形树干能成方，形状变化还多样；
长短大小控相等，相互靠接有形状。

方干平行靠接成，能成方柱板块形；
扇环树干作拼靠，能成圆柱曲板形。
相互结合面平顺，其他面上再变形；
树干表面承压力，凹凸起伏高低成。
协调凸纹和凹纹，浮雕图案能成形；
一幅图案多少根，依需搭配靠接成。
活体树干浮雕纹，两面观赏立体型；
板形变化多有异，图文内容由人定。

（四）整体形体意境设计

整体设计具体形，成形应用构造景；
情景生动需有意，源文形体有意境。
解构文化查背景，对应文化找核心；
关键词义来搭建，多元词义构意境。
因文设计形意境，显现于形有特征；
传统文化要传承，掌握意境时代性。
独立形体有意境，多体之上意提升；
更多形体造景观，意境连贯叙事性。

第五节　紫薇树干造型设计的构图方式及类型

一、紫薇树干造型设计的构图方式

树干本是圆柱体，持续生长有活力；
干皮相靠能愈合，排列组合各形体。
单根树干看成线，多干组合能成面；
线面组合构造体，各种体形任变换。

二、紫薇树干艺术造型设计的类型

多株围合作造型，形状有别不同型；
分类性状要选准，类型判定需弄清。
按照形体大小分，体量差异分四型；
常见体形大中小，还有一种特大型。
按照空间维度分，维度差异分两型；
二维控制成平面，三维成形立体型。
按照图形样式分，纹样不同分三型；
文字样式和图案，图文相间混合型。
单个性状把型分，多个性状可交混；
分型方法有多种，分别利用作区分。

第六节 紫薇树干整体造型设计步骤

一、树干形体主题文化设计

文化内容很广泛，复杂多样又纷繁；
浩瀚如海各体系，纵横交错万条线。
形体类型有变换，单体文化选择点；
多型设计点加线，再扩就成主题园。
形体各异千万般，分门别类来体现；
主题文化线和面，依据需要对应选。
文化选定作提炼，概念设计作统揽；
起始粗糙后来精，抽象能把具体变。
内容必须有前瞻，文化特色能突显；

主题选择不随意，寿命长久难缩短。
主题确定不能变，设计全程要贯穿；
创意新颖又别致，独具匠心能体现。

二、依意赋形整体形体设计步骤

（一）紫薇活体树干构形方法

基本单元构形

紫薇一个树干段，看作构造一条线；
中间线段两端点，不可再分最简单。
线段有直也有弯，线段之间可相连；
重叠交汇形变化，组合构造基本元。
一段两点是单元，多元组合单株干；
树干之间再拼接，构面造体顺自然。
单元组合形初显，赋予文化不简单；
文化抽象提符号，单元赋形意相连。
单元线段来构成，点线分合构各形；
各形单元要细分，点线结构要弄清。
基本单元有各形，依据用途分三型；
构图围边和连接，各自作用要分清。
主题图案要形成，构图单元来完成；
文形一体符号化，组合构造具体形。
主题图案已成形，边框围合要对应；
补充图案作完善，围边单元来完成。
文化叙事连续性，多幅图案来构成；
图案之间要组合，连接单元承功能。

区块结构形

整体样式存于心，大小尺寸先确定；
解构整体分区块，分区分块作构形。
区块不同细查审，基本单元要选准；
不同单元组合拼，有序构造区块身。
区块变化万万千，构造形体本困难；
反复修改作调整，多元组合是必然。
单元符号构图案，填充补缺需单元；
各型单元准备好，相辅相成来体现。
单元之间要相连，并行排列和旋转；
相互交合或重叠，对称统一有变换。

单体构形

区块构形已完成，组合构造单体形；
相互关系要理顺，单体成形要均衡。
区块位置要分明，连接方式须弄清；
前后左右和上下，接合结构要稳定。
单体亦有不同形，扣合整体有对应；
分段分部有顺序，依序构造单体形。
单体之间构造型，排列穿插与合并；
交错分离或凸凹，多体连接构成形。

整体构形

单体构造整体形，空间位置需分明；
连接部位有对应，相互接合有序性。
前后位置次序清，上下左右能随形；
并列平行或转折，空间组合灵活性。

过渡衔接应平顺，拼合结构要稳定；
不论单体多和少，整体构图要完整。

（二）树干整体造型图形绘制步骤

初始性草图

文化内容已选定，设计主题方向明；
立意构思初萌生，要把意象变图形。
万千思绪难捉定，勾画草图纸上行；
反复构思激灵感，朦胧意象初始形。
多想多画不急成，描绘轮廓创意生；
多条心路图初显，反复比较作权衡。

中间性草图

比较初图合意形，推敲具象细酌定；
自审自检再修改，逐步深化作提升。
依照文意构图形，首先确定基本形；
图形构形合文意，辅助图形配置成。
基本图形作衍生，交叉并列旋转成；
组织图形井有序，构造平面立体形。
多个方案要并行，反复构思具象形；
对照功能有实用，精神象征能对应。
多案比较形至臻，图意形文有对称；
实效吻合目标好，初步图形可选定。

终结性草图

初图尚需再提升，细部推敲准确性；
图形有点有线型，逐点逐线作调整。

美学原理应遵循，比例尺度合标准；
图形多样与统一，图形对称又均衡。
形体整体各部分，比例协调又匀称；
尺度大小应恰当，符合人需要保证。
点线构图多样性，变化有异成胜景；
变化之中又统一，庄严肃穆能齐整。
整体细部讲对称，结构布局要稳定；
对称之中不对称，破解呆板能均衡。

实施性草图

整体初图成雏形，绘制成图再修订；
功能实用象征性，成图路径需说清。
各行各业人组成，呈奉初图作论证；
多方信息作综合，精心修改再落定。
形体设计全过程，反反复复作提升；
千锤百炼铸匠心，追求至美无捷径。

整体造型形体结构图

整体造型形体结构图

树干造型图和形，结构图样有两型；
二维三维两类别，图形皆为线控形。
图形绘制和规范，结构清晰标注全；
图样大小比例定，名称图号能明辨。

整体形体效果图

整体形体设计出，电脑绘制效果图；
设计理念和思想，直观生动能显露。
依据图像细查审，艺术原理应遵循；
符合实际可操作，技术规范须严谨。

结构效果图对应，比较判断作评定。
发现瑕疵再修改，完成设计合理性；
检验整体观赏性，衡量实用有功能；
结构美观形有意，神形兼备方始成。

三、树冠设计

整体形体构造完，形体收口往上延；
树干形体上构冠，合理布局应周全。
形体是由单株连，多数形体无主干；
单株树干成主枝，主枝侧枝构树冠。
主枝合理布空间，采光均衡考虑先；
单株生长能整齐，整体保持才安全。
形体之上有结顶，顶部结构需造型；
主枝控制长和短，还需布局方向性。
因需结顶构造型，也分单株培育成；
对顶分部安排好，组合靠接结成顶。

四、根系设计

树干形体下有根，落地位点有区分；
生长空间布局好，保证吸肥吸水分。
形体是由单株拼，多数形体无主根；
单株树干须根系，根系大小有区分。
合理布局根空间，生长均衡考虑先；
单株根系能整齐，整体生长才安全。
单株靠接构形体，下部根系会聚集；
根系重叠有上下，生长空间会拥挤。

根颈上部树干段，预留一段作弯转；
干段依需短和长，长短合理根舒展。
干段方向往外伸，围绕形体布均匀；
根系空间布局好，隐藏土里不见身。

五、品种配置

树干形体设计好，枝头开花也重要；
紫薇品种各花色，不同需求因喜好。
整体形体分大小，品种因需配置好；
小体单色能满足，大体多色更美妙。
同种色系分色号，色彩差异各喜好；
一体多色能混合，大体色谱布局妙。

六、整体形体设计说明

整体设计已完成，对应图形作说明；
各个形体需有名，命名要有艺术性。
设计依据要分明，规范标准有对应；
构造形体全过程，设计思路要表明。
整体形体有造型，观赏特点要说明；
实际使用能满足，说明应用功能性。
设计造型培育成，应用方式交代清；
应用场地有对应，对应用途成佳景。

七、整体形体构造参数

造型具有观赏性，具体应用有功能；

树干构造具象形，皆有参数控制成。
造型整体不同形，控制参数变化成；
构造形体各参数，分项逐个要弄清。
造型样式要确定，长宽高度大小性；
形体落地占面积，多少单株来组成。
单株树干是何形，描述大小是直径；
树干之间有疏密，基本纹样构图形。
树干靠接有点群，点间长短有线型；
线段变化有方向，顺序构造整体形。
形体是有参数定，参数各异多样性；
因形解剖各参数，参数综合确定形。

（一）整体形体构造参数解析

造型样式

树干造型有多形，按照维度分两型；
二维形状有各种，三维变化多样性。
形体按照体态分，也可分成两类型；
规则结构几何体，变化丰富自由形。
树干载意显于形，样式选择需谨慎；
约定成俗有共识，新形更具创造性。
形文同体有象征，服务使用具功能；
反复比较作判断，区分优劣作决定。

占地面积

树干组合构整体，形体大小各不一；
各种形体皆有根，根多根少要落地。
根系分布要合理，单株生长才整齐；

分布范围有大小，形体占地算面积。
面积大小要适宜，一切为了根有利；
生长空间需保证，根系有力才有益。

整体大小（长宽高）

整体造型有各形，形体高矮依功能；
进不进人有区分，空间高矮要确定。
形体内部要进人，空间舒适不郁闷；
过低结顶难透气，过高又会增成本。
因形设计作结顶，高低不同有分明；
让人舒适是根本，高度适宜作结顶。

树干间距与单株数量

构造一个整体形，若干单株靠接成；
单株数量多和少，形体大小作决定。
间距不同有差异，数量多少因疏密；
体小干稀数量少，体大干密只因需。
体大体小皆有意，单株数量需保齐；
有机组合作构成，不少一株成整体。

树干形状与大小

树干组合构造型，干形有别不同形；
方形树干排成板，扇环组合圆环形。
树干横切面有形，规则几何任意形；
各种形状能育干，造型才有丰富性。
同形树干组造型，整体具有统一性；
不同形状树干拼，变化丰富新颖性。
树干大小有直径，大小成形有分型；

小干组合形精巧，大干构造成大型。
树干逐步生长成，长成也有周期性；
小根生长周期短，大干成形有耐性。
树干设计定大小，成形周期能明了；
小干拼接能长粗，整体逐步成型好。

构形纹样与寓意

设计形体源于文，因文构造基本形；
基本图形作演变，构形纹样能生成。
文有源头形有根，形含寓意有象征；
文有变化形有异，纹样与文有对应，
基础纹样设计成，有法可依作衍生；
派生纹样各有意，纹样有别需分清。

靠接点数量与分布均衡性

树干作线构图形，交叉分合因形定；
交叉连接成整体，分合有度形围成。
树干交叉或平行，因需构造整体形；
交叉重叠作靠接，形体布局结构性。
靠接段点愈合成，段点分布需均衡；
相互愈合能紧固，整体结构才稳定。

（二）编制整体形体参数表

整体形体设计参数

整体形体设计成，皆有参数控制形；
构形参数不遗漏，综合编汇一表清。
对应一个整体形，各个参数列名称；

参数也有分层级，有序排列次序明。
参数数值需确定，计量单位需注明；
参数数值相对应，数值需有精确性。
参数表格弄分明，对应解读整体形；
一个整形列一表，育干才有指导性。
不同整体不同形，参数表格各对应；
表格标注整体名，依形对表自分明。

整体造型形体命名

树干组合构体形，形状分为两类型；
构图要素作判断，规则型和自由型。
不论整体是何形，独立整体应有名；
方便区分好识别，同时表现其个性。
独立单体有名称，多体组合有群名；
各群汇聚能成园，大园小园皆有名。
因形独特可命名，文化象征名有情；
名可取于有功效，言志抒情能成名。
名副其实短而精，响亮悦耳又动听；
别具一格少趋同，对应准确有意蕴。

第七节　紫薇树干造型整体形体结构解构

一、何谓树干造型形体结构解构

树干构造整体形，可分二维三维型；
二型形体有结构，分解结构再构成。
形体结构作拆分，整体解构单株形；

对应分形培育好，靠接重构整体形。
单株定向培育成，分级应用构造型；
规格统一形自美，整体质量有保证。

二、树干造型形体图形结构分析

树干作线构图形，有序构图分类型；
依据维度作区分，形有二维三维形。
图形区域作划分，主图副图两组成；
文意表达在主图，副图围绕主图生。
不论二维三维形，依据轴线作对称；
上下左右或前后，中心轴线有绕成。
规则之外任意形，分形理论解构成；
不论结构是何样，有形结构能分清。

三、树干造型形体图形解构方式

整体形体图设定，图形解构有对应；
规整图形有对称，直线分区解构成。
不论立体或平面，从上到下画直线；
间距相等作隔断，整体全部分解完。
整体分解各部分，分区解构单株形；
单株上下要完整，整株图形解构成。
切分直线也可变，对应形体中轴线；
直线分割可倾斜，弯转变化成曲线。
直线斜线和曲线，组合应用形解完；
目标解构到单株，不论形体简和繁。

第八节　单株设计与技术图谱

一、单株结构

单株具有整体性，三个部分来组成；
下部根系中部干，上部枝叶构冠层。
枝上叶片光合性，制造有机延生命；
树干生长能增粗，根系生发它支撑。
中部树干作支撑，连接根系连冠层；
养分有机和无机，上传下达不间停。
根系本在土中生，干冠由它作固定；
吸水吸肥担大任，隐藏地下不显形。

二、构形单株形体类型

单株根干冠构成，干部变化为造型；
树干曲直或弯转，形成二维三维型。
单株组合靠接形，叶可独立成造型；
不论二维或三维，株形变化多样性。
株形异同皆因形，可分通用特异型；
特异形体特异株，通用适宜多种形。

三、单株结构解析

构形单株需健全，下部根系上部冠；
两端之间需贯通，连接根冠树干段。

根部包含一段干，树冠连干也一段；
两端连接有区分，关键掌握起始点。
两端之间树干段，依需设计各个点；
各点上下有次序，控制株形作变换。
点间连接树干段，点段次序紧相连；
各个干段有长度，依需设计长和短。
点前点后树干段，出伸方向可变换；
相邻两段有夹角，干型不同横切面。
单株各个树干段，上下通直一条线；
曲直弯转构株形，依照形体要求变。

四、单株成形控制参数解析

（一）控制点

单株原本不相关，只因构形才相连；
连接一起在于点，多点连接形体现。
此点因需时而变，时而是点时而线；
树干相交于一点，重叠靠接成一线。
靠接之处有点段，因形需要有长短；
空间位置谨有序，构建整体相关联。
掌握此点不简单，点线布局构图案；
位置分布要合理，结构稳固形安全。
一个单株控制点，数量多少要分辨；
控制各点育单株，精准成形是关键。

（二）树干段长度

单株树干分成段，各段也有长和短；

因形构图控长度，确定长短不随便。
一个单株若干段，各段有序紧相连；
前后上下有顺序，所在位置不能乱。
各段长度需测算，精确布局长和短；
有的各段可相等，参差不齐常显现。

（三）树干段方向

单株树干分多段，各段方向常变换；
变换满足形需要，方向出伸和回转。
一段树干方向变，前后两段相关联；
上下左右可出伸，合理布局各个段。
各段设计有方向，掌控舒张和收缩；
方向控制段位置，靠接部位能吻合。
各段方向作改变，单株形体能舒展；
单株之间靠接好，整体形体能实现。

（四）树干段间转角

干段伸出平或翘，仅有方向欠明了；
相邻段间有角度，角度有大也有小。
两段垂直成直角，连成一线是平角；
树干相交形有需，也有锐角和钝角。
树干段间有转角，依需确定大和小；
各个转角度数准，相互关系才明了。

（五）树干段形状

单株树干各个段，形状因形需有变；
基本类型有两种，段分直线和曲线。
变化多样是曲线，几何曲线自由线；

多样线型构形体，形体变化万万千。
一个单株若干段，各段皆可是直线；
多种线型常混合，构造单株形体现。

（六）树干段横切面形状

单株树干各个段，各段皆有横切面；
自然树干近于圆，人工控制形能变。
树干受力形改变，或方或圆横切面；
几何形状年形成，自由形状能展现。
一个形体一形干，也可多形来相连；
切面形状能多样，靠接成型超自然。

五、单株整体设计图

单株树干图和形，结构图样有两型；
二维三维两类别，点线构造控株形。
图形绘制和规范，结构清晰标注全；
图样大小比例定，形名株号能明辨。

六、单株技术参数表

单株皆是解构成，亦有参数控制形；
株形参数分列进，汇聚一表述株形。
对应一个单株形，各个参数列名称；
各个参数分顺序，有序排列层次清。
对应参数值确定，计量单位需注明；
参数数值细斟酌，数值需有精确性。
参数表格弄分明，对应解读单株形；

一个单株列一表，育干才有指导性。
不同单株不同形，参数表格各对应；
表格标注单株号，依形对表自分明。

第九节　紫薇树干造型设计效果评价

一、评价指标

（一）形体差异化程度

独 创 性

形与具象作比较，新奇独特能看到；
全新造型第一品，文形合一意境高。
形体演化具象生，苗木价值大提升；
学术价值能体现，实用审美综合性。

新 颖 性

已有形体作创新，意形都要有改进；
原有性能有提高，参数变化形中孕。
产品特征能区分，结构组成差异性；
功能使用有改变，实现方法有对应。

（二）意形关联程度

文化选取有背景，独具特色很鲜明；
区域特征能突显，人文关联有对应。
思想观念有准绳，文化精神有象征；
意形统一合伦理，社会道德谨遵行。

（三）识别沟通难易程度

通 识 性

树干设计作造型，依文具象必赋形；
形纹差异有多样，纹样纹理能对应。
或图或文显于形，触景观赏能生情；
易于感知好辨识，情感生发能共鸣。

可操作性

不论大型或小型，设计最终有具形；
培育方法能实现，天马行空不得行。
形体参数约束性，有效控制能成形；
技术措施不受限，方便操作能完成。

（四）审美原则的符合程度

统一性与多样性

树干形体各种形，形态万千多样性；
设计全程应掌控，统一变化有两层。
统一思想控各形，大同之下再分行；
主题分明各有意，异彩缤纷多样性。
统一原理控各形，对称变化和均衡；
图文变化千万般，审美价值随形生。

稳定性与平衡性

多干靠接整体形，多点愈合方成型；
点段靠接有区别，整段靠接更稳定。

设计控制整体形，接点分布应均衡；
承受外力形不变，结构紧实稳定性。

（五）满足有益功能程度

实 用 性

设计树干成于心，用于造景服务人；
多样需求人性化，观赏实用集一身。
形美花艳观赏性，形内空间能通行；
头上枝叶遮烈日，闲坐小品一杯茗。

安 全 性

树干形体设计成，依照设计育造型；
思想技术和规范，三项安全能保证。
一项就是思想性，文理合规又合情；
意识形态不违背，文化具有安全性。
二项就是技术性，现有技术能完成；
好高骛远难实施，设计落空不得行。
三项就是规范性，设计之时要紧盯；
育干造型遵标准，产品质量才上乘。

二、设计效果综合评价

评价指标已构成，各项权重专家定；
各项分级再赋分，评价标准有对应。
评价设计应多人，对照设计分项评；
加和总分再平均，依据总分作判定。

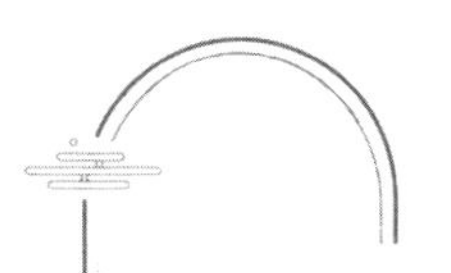

第六章 紫薇育干造型模架设计、制作与安装

第一节 紫薇育干造型模架的类型、作用和要求

一、紫薇育干造型模架的基本类型

（一）单株育干模架和整体成形靠接模架

紫薇树干育造型，培育需经两过程；
前程单株合形长，后程单株靠接成。
不论前程和后程，皆需模架作支撑；
支撑模架有区分，依需分成两类型。
单株模架一类型，嫩枝绑缚作固定；
依靠模架定向长，所需单株培育成。
靠接模架两类型，单株靠接作固定；
围合靠接控单株，愈合一体长长形。

（二）平面模架和立体模架

解构单株是何形，全由整体来决定；
不管整体何样式，平面立体两类型。
成形模架作对应，亦可分成两类型；
模架形体分类型，分别管理好遵行。

（三）金属模架和塑料模架

育干模架需制成，材料不同分类型；
硬度要求能满足，材料有别都可行。
经济实用低成本，供应充足易成形；
金属塑料做模架，其他材料也可能。

二、紫薇育干造型模架的作用

（一）引导单株树干定向生长和固定成形

育干嫩枝往上伸，忽左忽右难成行；
风中摇摆晃不停，欲想成型需固定。
嫩枝想要定向伸，外力束缚来确定；
上下左右有模样，模架控制来成型。

（二）固定支撑整体成形靠接和愈合生长定型

变化丰富整体形，皆由单株靠接成；
各个单株本独立，愈合一体有过程。
单株靠接作造型，相互靠接围合成；
无依无靠无定准，整体难以能成形。
靠接模架作支撑，单株靠合能固定；

成形规范合设计，控制单株不走形。
靠接部位虽绑定，没有支撑易滑行；
对位愈合成一体，稳固支撑形体正。

三、育干模架的要求

（一）单株定向育干对支撑模架的要求

紫薇树干育造型，多个单株靠接成；
分解单株来培育，依靠模架作支撑。
嫩枝育干需牵引，绑缚模架随形跟；
幼嫩枝条木质化，树干定形结构稳。
嫩枝逐步来长成，生长需要时间性；
对应模架有要求，长久支撑具功能。
树干形状依形定，模架依样能成形；
有节有度能到位，模架成型要精准。
嫩枝绑缚模架上，模架尽量不遮光；
叶片自由能伸展，架身光滑垢难藏。
模架材料来源广，批量生产一个样；
储运方便好操作，经济实用寿命长。
材料易得低成本，经久耐用结构稳；
成型加工好制作，节本增效才省心。

（二）整体成形靠接对支撑模架的要求

单株靠接整体样，支撑模架来帮忙；
逐株靠接作固定，愈合成型不走样。
愈合生长时间长，支撑模架需坚强；
经久耐用不变形，绑缚固定有力量。

易于加工材料广，连接固定好组装；
大小适宜好储运，经济实用细思量。

第二节　育干模架结构解析

一、模架结构

（一）单株育干支撑模架

单株育干模架形，功能构成两部分；
牵引绑缚有模架，模架本身需支撑。
单株定向成形架，样式各异有变化；
基本结构分三段，各居其位有上下。
下段名叫固定臂，整段长度入土里；
紧靠苗身作固定，苗木长出好绑缚。
中段干形控制段，牵引嫩枝作弯转；
随形绑缚作固定，木质硬化控成形。
上段顶梢控制段，控制顶梢枝不断；
枝叶茂盛干增粗，顶枝构造整体冠。
单株模架支撑架，控制单株成形架；
支撑固定不歪斜，批量育干标准化。
基本结构也有三，各居其位功能担；
对应育干模架体，上中下部分三段。
下段名叫固定段，整段入土紧固安；
基础稳固模架正，粗度深度保安全。
中段“井”字架成形，单株模架并排行；
控制间距做固定，稳固支撑苗长成。

上段顶部连接干，控制模架不斜偏；
相互连接体稳固，定向育干才安全。

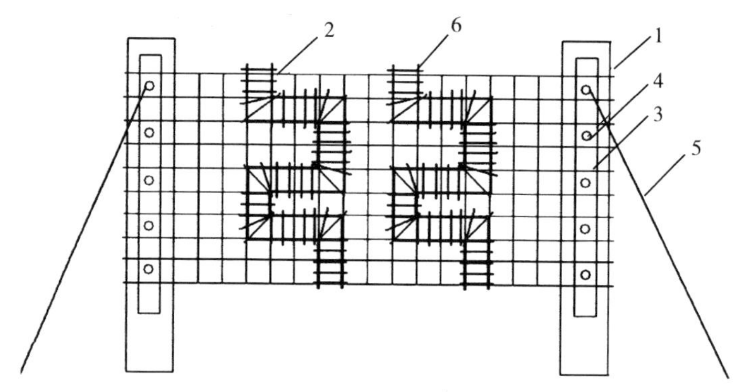

紫薇单株弓式育干模架示意

1. 支撑柱　2. 支撑网　3. 压网铁片　4. 固定螺栓
5. 固定拉线　6. 弓式造型梯架

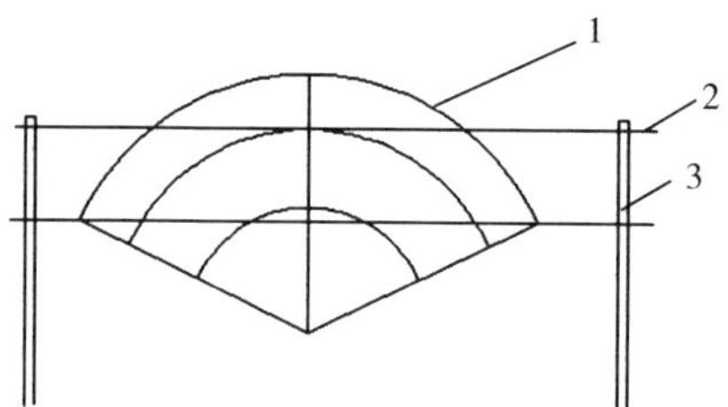

紫薇属植物扇形艺术造型模架中扇形靠接支架的结构示意

1. 支撑拉干　2. 支撑柱　3. 单株育干模架

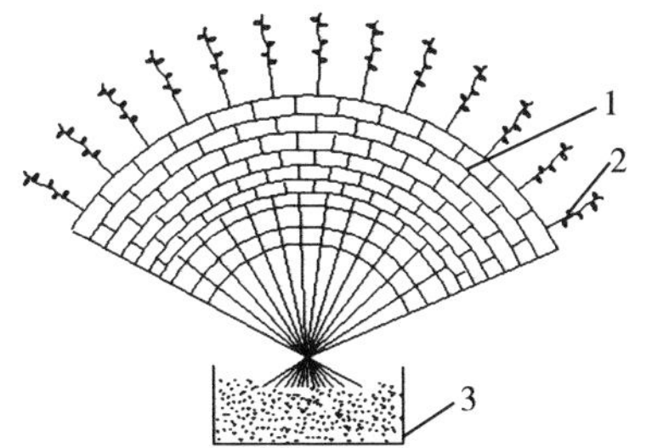

紫薇属植物扇形艺术造型模架的结构示意

1. 育干苗木　2. 栽培厢　3. 压根套盒

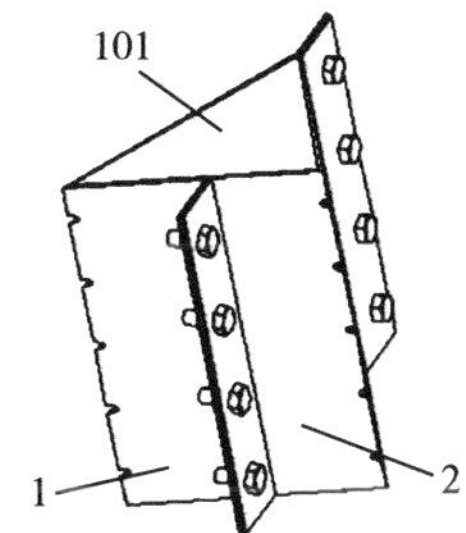

三棱柱体单株树干成型控制器示意

1. 角槽 A　2. 角槽 B　101. 造型腔

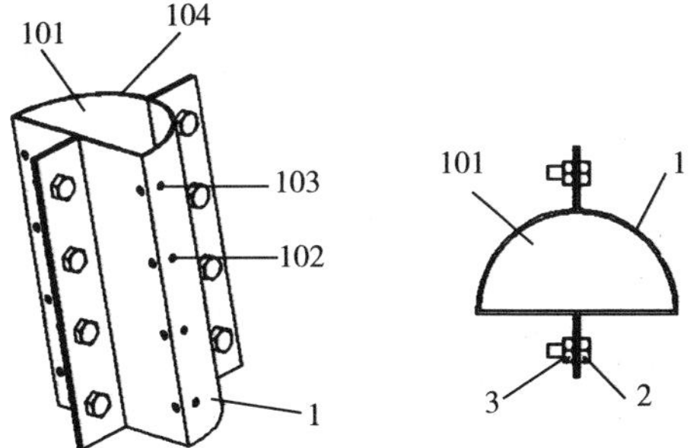

半圆柱体单株树干成型控制器示意

1. 模具体　2. 螺干　3. 螺母　101. 定型腔　102. 观测孔　103. 通气孔　104. 槽沿

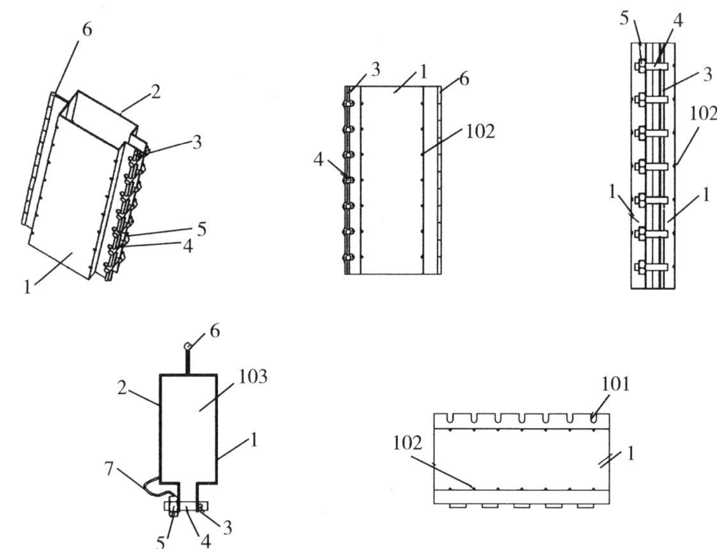

便携式紫薇单株树干定型装置示意

1. 定型围板 A　2. 定型围板 B　3. 铰轴　4. 螺干　5. 螺母　6. 转轴

7. 挂链　101. 安装槽　102. 通气孔　103. 定型腔

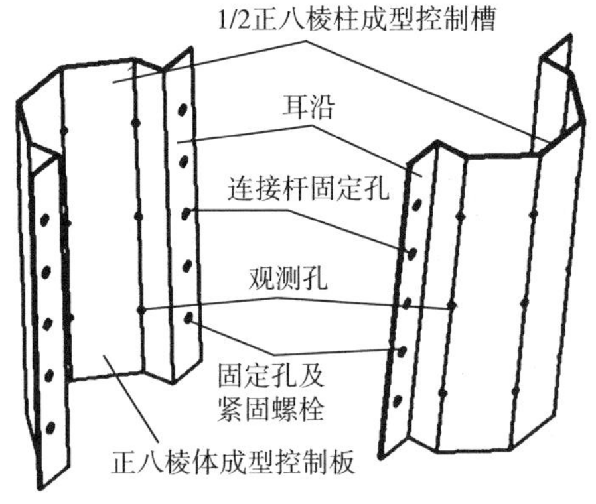

八棱柱体单株树干成型控制器示意

（二）整体成形靠接支撑模架

各形单株培育成，组合靠接构体形；
连接支撑各单株，各株不能动身影。
单株靠接支撑架，控制整体成形架；
支撑固定不歪斜，靠接成形标准化。
基本结构也有三，各居其位功能担；
对应设计整体形，整体构造分三干。
一是成形控制干，单株靠接形体连；
控制间距作固定，稳固支撑形体现。
第二固定连接干，连接成形固定干；
相互连接体稳固，控制模架不斜偏。
三是形体固定干，固定整体形不变；
基础稳固模架正，入土紧固保安全。

二、育干模架的控制参数

（一）篦齿式单株育干模架结构控制参数

模架有形参数定，各个参数皆分明；
上下联系自顺畅，数值大小能确定。
模架形状有样件，其上确定控制点；
上下位置各有异，前后顺序不能变。
点间连接有线段，线段形状有变换；
直线弧形靠接线，各种线段有长短。
各个线段控制点，各就各位不混乱；
位点坐标有标注，顺序前后上下连。
参数数值有大小，整体连贯错不了；
长度转角和半径，分项明确有图表。

（二）整体靠接成型支撑模架结构控制参数

造型形体是参照，靠接模架设计好；
结构参数弄清楚，稳定支撑结构牢。
靠接模架有大小，对应形体长宽高；
型材规格有大小，分型也有长宽高。
绑缚单株干大小，所需长度不能少；
数量多少依需定，各干位置很重要。
单株有干绑缚好，各干连接有大小；
间距密度需有致，连接位置要牢靠。
形体绑缚连接干，支撑固定全相连；
下端预留固定臂，固定土中架安全。

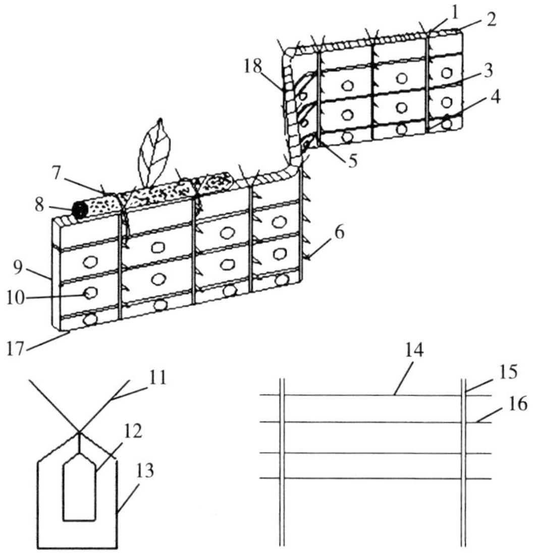

蓖齿式V形槽单株嫩枝育干模架示意

1. V形卡片 2. 卡片插孔 3. 横向加强筋 4. 加强筋 5. 成型控制板 6. 挂齿 7. 橡皮筋 8. 树苗 9. 支撑板 10. 固定孔 11. 钢丝支臂 12. 塑料片 13. 钢丝环 14. 支撑架 15. 支撑柱 16. 拉线 17. 卡片座架 18. 插孔隔板

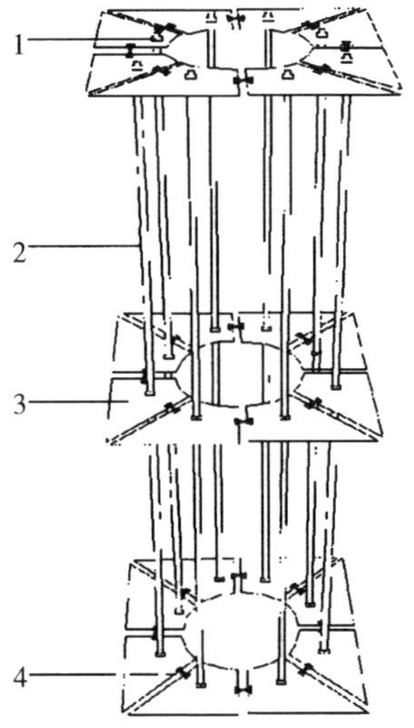

紫薇属植物树干方柱体靠接模架示意

1. 金属螺帽　2. 金属螺干　3. 木质模板　4. 模板连接构件

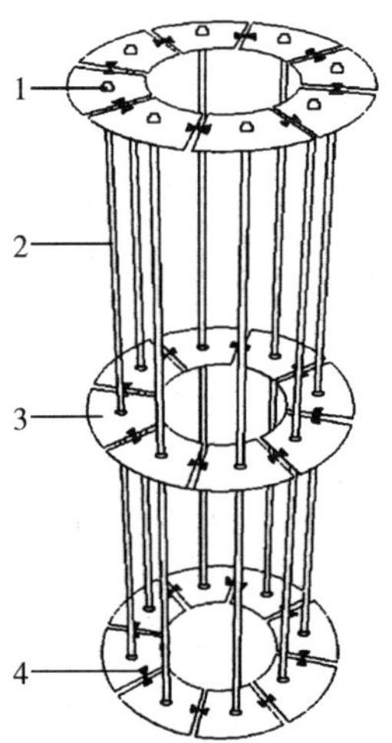

紫薇属植物树干圆柱体靠接模架示意

1. 金属螺帽　2. 金属螺干　3. 木质模板　4. 模板连接构件

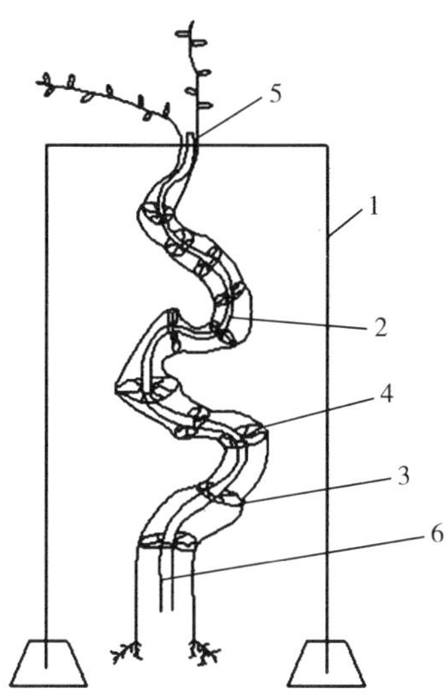

紫薇属植物活体树干曲干树艺术造型模架的结构示意

1. 支撑架 2. 曲干支撑架 3. 靠接模架 4. 支撑环

5. 靠接树苗 6. 曲干中心支撑柱

紫薇树干花瓶造型支撑架示意

第三节　紫薇育干造型模架设计

一、篦齿式单株育干模架设计

造型单株要育成，依靠模架作支撑；
模架设计两要素，相互协同综合成。
模架控干具功能，工艺技术能达成；
不同单株模架体，二者控制模架形。
塑料模架作设计，单株图谱紧相依；
形槽轨迹控树干，二者吻合要对齐。
塑件结构要稳定，满足控干功能性；
成本最大是模具，简化结构制作成。
塑件模架壁厚度，强度刚度要满足；
整体强度应均匀，形体尺寸需符合。
一个模架一形干，各形单株设计全；
单株模架标型号，对应单株好分辨。
单株模架有大小，方便储运满足好；
小型模架成整体，组配大体能做到。
塑料模架成本高，通用部件设计好；
自由组配各模架，节本增效想奇招。
育干模架有参数，材料厚薄或粗度；
依据单株高或低，平直弯转随形出。
育干模架需绘图，指导制作不失误；
名称赋予育干架，参数表册要清楚。

二、单株育干模架支撑架设计

育干模架控干型，各个模架需固定；
设计育干支撑架，模架稳固干定形。
育干模架有分型，型分平面立体型；
同型模架需归类，形状统一好支撑。
育干模架分高低，支点位点看受力；
上中下部有控制，对应固定位点齐。
支撑模架选钢材，横干对应位点排；
竖干连接各横干，竖干固定土中埋。
支撑模架横竖干，可选圆钢或方管；
间距疏密需有度，纵横交错需紧焊。
整体支架成平面，平面模架平行安；
再加一排或多排，立体模架能紧挨。
支撑模架有参数，材料厚薄或粗度；
依据单株有高低，水平延伸随地出。
支撑模架需绘图，指导制作不失误；
名称赋予支撑架，参数表册要清楚。

三、整体靠接成型支撑模架设计

靠接模架控体型，整体模架需固定；
设计靠接支撑架，模架稳固定体形。
靠接模架有分型，型分平面立体型；
同型模架需归类，形状统一好支撑。
靠接模架分高低，支点位点看受力；
上中下部有控制，对应固定位点齐。

靠接模架选钢材，横干对应位点排；
固定单株绑缚干，绑缚位置记心怀。
绑缚各干需连接，疏密有致不偏斜；
控制位点需定准，受力均衡好连接。
支撑模架横竖干，可选圆钢或方管；
间距疏密需有度，纵横交错需紧焊。
整体支架立或平，铁铝管材皆可行；
上下左右宽与窄，相互都要焊接紧。
整体支架形大小，参数控制要周到；
所需材料多与少，依据单株确定好。
靠接模架需绘图，指导制作不失误；
名称赋予整体形，参数表册要清楚。

第四节　紫薇育干造型模架的制作和安装

一、育干模架的材料选择

（一）塑料

塑料人工能合成，易于加工好成形；
成本低廉硬度好，经久耐用长寿命。
塑料物件重量轻，化学性质很稳定；
风吹日晒不锈蚀，抵抗耐受冲击性。
依需设计模架形，模具依图能做成；
模架注塑形标准，加工具有批量性。
树脂结构不同形，塑料种类分两型；
热塑热固性各异，模架最好热固型。

（二）镀锌钢材

钢材表面镀了锌，具有耐候耐腐性；
不论型材和线材，材料质地都很硬。
结构紧密抗拉伸，常温之下可塑形；
焊接加工成形快，抵抗冲击有韧性。
依需设计模架形，模架依图能做成；
型材线材组合用，批量生产形稳定。

二、育干模架的制作方法

（一）塑料单株育干模架的制作

塑料制作模架形，热固塑料形稳定；
依据图谱制模具，注塑机械加工成。
塑料成形依靠模，模具精准形吻合；
模具耐用寿命长，一模制形上亿个。
热固塑料成形模，注射压缩压注模；
不同模架有分别，制模成本少与多。
模架制作费用高，事前必须弄明了；
模架通用数量多，慎重开模决定好。
塑料模架好处多，成本决定在于模；
小件通用能组装，组件设计要精确。
大小适宜好储运，组装各形能精准；
各种组件成系列，巧于设计控成本。

（二）镀锌钢材模架制作

单株图谱已设定，工厂生产最可行；
剪裁焊接机械化，批量生产制成形。
镀锌钢材作模架，具体材料差异大；
材料型号确定后，直径大小需定下。
整体完成若受限，单株模架要分段；
分段制作再焊接，连成整体不算难。
模架不同形多变，各种单株把号编；
定量包扎数量清，编号挂牌不错乱。

（三）育干模架的安装

育干模架定树干，高低不同难立站；
不偏不倚身子稳，需要支撑来帮缠。
钢管材料要镀锌，下端入土要固定；
纵横交错撑模架，模架固定身子正。
模架安装要细心，大小型号要分清；
分类分区巧安排，档案记录情况明。

第五节 育干模架的维护

模架管理要谨慎，专门保管不粗心；
别人拿来无用处，自己育干做不成。
不用模架室内存，风吹日晒易变形；
寿命减少或毁坏，花费钱财空劳神。
安装模架不拆分，一旦拆分难合形；
补充不足和校正，前趟用了后趟跟。

第七章 紫薇单株树干定向培育技术

第一节　紫薇育干苗木银黑地膜覆盖滴灌两相栽培

一、滴灌栽培方式

育干场地经选定，土壤肥沃耕层深，
土上搭棚要固定，棚上黑网能伸缩。
起垄作畦把厢分，厢上苗木位置定；
肥水管道把田进，滴灌管道顺苗伸。
银黑地膜盖土身，育干模架要安稳；
模架下面栽苗木，栽苗位置要对准。
水肥同步常调匀，嫩枝随着模架伸；
每天遮光一时辰，树干长成能合心。

二、滴灌两相栽培的优点

管道输水无漏损，精准分发灌到根；
薄膜覆盖水难蒸，节约用水还均匀。

肥水顺从管道进，直达根系不受淋；
少施勤灌吸收好，省力省工少操心。
农药肥水一起混，均匀送达每株根；
根吸农药遍全身，不花人工少成本。
盖膜盖土当盔甲，大雨冲刷无作为；
土壤疏松通气好，保土保肥把苗催。
薄膜覆盖土温升，增温促进早发青；
株间干燥少病虫，表面反光效能增。
节水节肥药减轻，快生快长少发病；
自动控制还精准，经济生态得双赢。

第二节　育干种苗培育

一、育干品种选择

植株高度生长快，健康茁壮抗病害；
侧枝少有节间稀，有光难得把花开。

二、育干种苗繁殖

育干品种若确定，用苗数量要弄清；
插条充足等时机，封闭扦插好生根。

三、育干种苗培育

生根插条栽田里，合理确定株行距；
肥水管理要抓紧，防治病虫苗整齐。

四、育干种苗质量要求

育干种苗选好货，质量指标好几个；
植株要高枝干粗，根系白嫩数量多。

第三节　育干场地培育

一、育干场地选择

温暖湿润无冰雹，有效积温尽量高；
水源充足要洁净，电力充足供应好。
交通便利四周到，地势平坦阳光照；
土壤肥力中上等，人力充足随时到。

二、苗木培育的理想土壤

根深叶茂道理清，水肥气热要均匀；
通气透水能增温，好土才能长好根。
育干土壤一米深，疏松多孔质地轻；
土中没有泥底层，根尖扎入不费劲。
无论何时不积水，呼吸顺畅不烂根；
温度适宜根生长，各种元素供平衡。
洪涝灾害不发生，干旱能保水供应；
养分平衡随时供，高产稳产笑盈盈。

三、改土方法

（一）深挖排水沟

根据规划把沟挖，主沟深度一米八；
宽度至少一米二，再大降水都不怕。
排水支沟一米五，宽度也要一米出；
盲沟有水能排下，上下连接不添堵。
盲沟深度超一米，土中有水往下移；
不多不少好通气，有气才能根有力。

（二）安装通气管

盲沟上面通气管，主管支管总相连；
能抽能注不淤积，土中有气常新鲜。

（三）调结构

土壤想要高肥力，基础要看黏沙比；
黏沙也要看粗细，比例恰当才适宜。

（四）调酸碱度

土壤酸碱要适度，过酸过碱都不良；
一是养分吸不上，二是生长受影响。
土壤酸碱要明朗，调整方案尽周详；
偏酸添加石灰氮，土壤偏碱加硫黄。

（五）调节菌平衡

土壤活菌多功能，固氮解钾还解磷；

分泌激素促生长，防止板结和生病。
选好土壤益生菌，叶面喷施和灌根；
浓度按照要求配，一周一旬一疗程。

（六）施肥

堆肥厩肥和饼肥，秸秆枯枝和树皮；
腐熟才能有作为，全层混匀不遗漏。

第四节　制作安装遮阴架

围绕育干全场地，钢管支架搭接起；
下端固定入土里，顶端连接要平齐。
槽干连接能滑行，联机控制自称心；
遮阴网布盖其身，开合自如由需定。
日长诱导花芽生，花芽诞生干难伸；
合上遮天能蔽日，打开健康生长旺。
雨日光照本不强，不用闭合遮太阳；
晴天中午要遮光，日长缩短花不长。

第五节　育干苗木栽植

一、育干苗木栽植时期

育干种苗培育成，移栽可在秋和春；
若能护苗不失水，夏季移栽亦可行。

二、育干苗木栽植密度

左右宽窄栽几寸，密度依据模架定；
模架间隔两叶长，每个模架种一根。

三、育干苗木栽植方法

模架下面要挖坑，方向依据模架定；
种苗出土少伤根，出土蘸浆保活性。
出苗栽植少停顿，尽快移入种植坑；
填入细土壅好根，苗正浇透根落定。

四、成活养护

苗落土坑要跟进，浇水保墒苗返青；
若有苗木皮萎蔫，立即更换苗补进。

第六节　嫩枝定向绑缚

一、绑扎物的选择

嫩枝模架要固定，不松不紧两贴身；
布条软带橡皮筋，材料易得花费轻。

二、嫩枝绑扎时期

自从苗木发了芽，留大去小不偏差；

随着叶展节伸长，紧靠模架要绑扎。
只要芽头叶出新，持续绑扎不能停；
温度下降不再长，若要绑扎等翌春。

三、嫩枝绑扎方法

绑带不把叶柄压，起点嫩枝靠模架；
绑扎松懈形难准，过紧容易勒出疤。
第一起点已绑扎，以后逐点不落下；
嫩枝顺着模架绑，树干跟着往上爬。

四、解绑

枝条硬化已定型，解除绑扎要认真；
及时解开绑扎条，防止树干起缢痕。

五、换绑

绑扎绑带要除清，重新绑扎为固定；
随解随绑不变形，自下而上不歇停。

第七节　水肥药一体化方法

一、土壤肥力要求

要想紫薇生长好，全靠土壤肥力高；
数量适合因子全，水肥气热又协调。
土壤溶液氢铝比，大小高低自不一；

偏酸偏碱少肥力，最好酸碱要适宜。
土壤耕层要深厚，一米以上方才够；
根系自由能伸展，叶茂全靠根能走。
土壤有机含量高，含量多少有指标；
百分之三以上好，基础条件作牢靠。
土壤养分要有效，并且含量还要高；
各种养分要均衡，持续供应方为妙。

二、水肥一体化的好处

紫薇育干一枝花，全靠水肥来当家；
生长全程随需要，水肥协同一体化。
紫薇也要氮磷钾，微量元素不能差；
溶解入水再输送，送到每株标准化。
水肥均匀不偏差，省工省时钱少花；
节水节肥利生态，肥水加药病少发。
如要四季效果佳，增温调湿控制它；
快生快长要实现，用好水肥一体化。

三、紫薇生长需肥情况

设计单株分大小，单株干重能称到；
所需养分总数量，种类比例测定好。
一个单株培育成，生长具有周期性；
树干长度定长短，培育时间能确定。
三月紫薇刚抽芽，新根生长新叶发；
少量供肥能满足，渐生渐长渐增加。
五六七八势旺盛，生长需肥量大增；

快速长叶干增高，足量配施且均衡。
深秋生长变缓行，入冬休眠生长停；
减少肥量或不施，适时停长不贪青。
短干一年可长齐，生长时期各不一；
旺盛生长需肥多，首尾两段少占比。
长干多年才结顶，各年需肥分均衡；
一年再分各阶段，合理分配保供应。

四、土壤养分测定

育干土壤要测定，氮磷钾肥有效性；
酸碱有度有机质，才知肥力何水平。

五、水肥一体化设施

（一）水源的选择

滴灌水源有多种，来源江河湖泊中；
井水泉水水库水，水质达标才能用。
滴灌水源有不同，事前必须要搞懂；
矿物泥沙有机物，处理设备有专攻。
有沙要建沉沙池，多级过滤除杂质；
水质净化不放松，问题后移难处置。

（二）建立滴灌系统

滴灌系统的设计与施工

滴灌系统四部分，供水枢纽是中心；

输配管网控制器，控制仪表不离分。
设计施工有专人，莫为省钱迷了心；
科学安装不犯浑，否则恶果自己认。

滴灌供水系统的修建

滴灌供水四组成，水池过滤基础层；
泵房加上配电房，管理用房控运行。
水池过滤基础层，混凝结构要认真；
强度刚度尺寸足，安全荷载不变形。
泵房结构要抗震，基础结构要扎稳；
水泵表盘动力机，安全可靠不含混。
泵房配电要挨紧，操作空间好转身；
地面要比泵房高，设备免受水湿侵。
系统运行要值勤，管理用房来安身；
生活用具配齐备，安全运行不离人。

滴灌输水管网

输配网管分支干，末端还有滴灌管；
各级管路连接件，控制调节要串联。
场地不分近和远，均匀送到苗根尖；
管材管件寿命长，巧妙布设覆盖全。
管道需要管件连，直通连接走向前；
三通连接把水分，连接弯头好转弯。
各种阀门要齐全，配套安装管道间；
闸阀蝶阀减压阀，安全耐用要方便。

施肥施药装置

滴灌管道系统中，施肥装置要连通；

装置自动半自动，电脑控制人轻松。
肥料农药溶水中，浓度大小要适中；
随配随送苗田中，精准施用建奇功。

滴灌带

育干滴灌好与坏，成效决定滴灌带；
滴灌带上灌水器，性能优异才叫乖。
严控质量理应该，精心挑选滴灌带；
外表质量用眼观，性能检测细摸排。
表面光滑无硬块，质地一致无混材；
颜色纯合不混杂，流道饱满形不歪。
滴头流量要适宜，滴头间距不能低；
流态指数要最小，流出数量要均一。
抗堵不塞灌水器，带子拉伸有拉力；
长期使用耐老化，检验合格志不移。
滴灌管道铺下地，滴头要与苗位齐；
通直顺畅不歪斜，间距适宜忌密稀。

六、肥水使用管理

浓度控制要精准，过高伤叶又烧根；
品质含量要看清，宁少勿多莫贪心。
紫薇生长几月长，随时生来随时长；
此时吸收此时用，彼时还要吸肥长。
多肥不能多收用，剩余流失无用场；
少量足量时时供，随时能够有适量。
土壤养分有三型，盈余亏缺和平衡；
若要树干生长快，养分之间需平衡。

养分按需能供应，库存收支常平衡；
比例恰当随时调，长时稳定高效能。

第八节　紫薇育干苗木病虫害防治

一、紫薇病虫害种类

紫薇花艳游人惊，历经坎坷来长成；
从小到大时无期，内外影响困一生。
生长环境不适应，生理代谢不平衡；
黄化小叶花叶病，突发无症普遍性。
病虫纠缠理不清，无时无刻在抗争；
主要三虫和三病，斗智斗勇伴一生。
三种病菌体上生，白粉褐斑煤污病；
头号病害是白粉，蚜虫煤污是伴性。
咀嚼刺吸害虫生，绒蚧蚜虫枝叶叮；
梨象天牛黄刺蛾，为害嫩叶和嫩茎。
绒蚧蚜虫多发生，常常诱发煤污病；
梨象直接害枝顶，影响长高最头疼。

二、紫薇病虫害发生

（一）紫薇病害发生

紫薇白粉病

紫薇白粉病原菌，冬季叶芽来藏身；

落叶黏附闭囊壳，菌丝潜伏在芽心。
紫薇萌动叶出生，病菌活动随后跟；
分生孢子数量大，气流传播布全身。
生长季节反复侵，只因春夏多温润；
高温燥热稍缓停，秋雨绵绵粉盖身。

紫薇白粉病症状

褐斑病

斑尾孢菌来折腾，引发紫薇褐斑病；
冬季菌丝藏枝叶，发病要等气温升。
初夏时节多温润，分生孢子来滋生；
风雨气流来传播，侵染叶片上下层。
高温骤雨若肆行，助纣暴发褐斑病。

紫薇煤污病

发生紫薇煤污病，蚜虫绒蚧大发生；
蜜露覆盖枝和叶，营养充足菌兴盛。

冬季潜伏不营生，病叶病枝隐其形；
夏秋季节多出现，轻重伴随蚧蚜定。

紫薇煤污病症状

（二）紫薇害虫发生规律

紫薇梨象

梨象能把紫薇欺，祸害紫薇无声息；
啃食枝叶和花果，遇见紫薇把身栖。
幼虫复苏危害起，化蛹羽化两旬期；
成虫产卵期不一，孵化幼虫难整齐。
夏秋进入盛发期，两种虫态多交替；
狂吃猛啃危害大，入冬幼虫藏果里。

紫薇长斑蚜

蚜卵冬季芽梢趴，芽腋芽缝及枝杈；
入春紫薇发了芽，蚜卵跟随也长大。

开始无翅胎生蚜，新长若虫芽上爬；
若虫长大变成虫，快生快长数量大。
若虫成虫多交叉，世代重叠很复杂；
每年发生七八代，有翅蚜虫处处家。
春季回温蚜早发，夏秋季节数量大；
高温干旱最适宜，群集危害大暴发。

紫薇绒蚧

紫薇生长入了冬，绒蚧虫卵再越冬；
芽腋叶片枝条上，虫卵藏身缝隙中。
春夏之交多萌动，若虫树上能移动；
六七八月繁殖快，群集危害很严重。

三、虫害防治方法

（一）紫薇绒蚧防治

害虫绒蚧莫轻心，紫薇枝叶常寄生；
刺吸汁液树衰弱，叶片早落花难成。
吸食汁液伤根本，分泌蜜露盖叶身；
诱发枝叶煤污病，黑不溜秋谁动心。
绒蚧防治很头痛，打药几遍不见轻；
厚厚蜡质作盔甲，三遍五次药难进。
刚刚孵化蜡质轻，此时喷药很致命；
熏蒸内吸一起用，连防严控难滋生。

紫薇梨象为害状

紫薇长斑蚜为害状

紫薇绒蚧为害状

（二）紫薇长斑蚜防治

紫薇易长长斑蚜，小小蚜虫年年发；
嫩叶背面常布满，成群结队满枝叉。
嫩叶抽汁成卷缩，叶片不平凹凸多；
新梢扭曲花序短，花芽难成有花落。
吸干汁液很要命，蜜露盖叶更可恨；

不仅病毒要传染，还会诱发煤污病。
虫卵缝隙来藏身，叶芽萌动它出生；
一年发生十多代，迁飞扩散害不轻。
防治蚜虫很揪心，普通办法难除尽；
一板二灌方法好，个中心得自己品。
育干场地挂黄板，生长期间不间断；
高度超过苗顶端，均匀分布田中间。
内吸药剂要分清，混合肥水来灌根；
黄板可当测报员，何时用药时间准。

（三）紫薇梨象防治

冬季梨象果中呆，复苏就把叶芽害；
嫩叶皱缩不展开，嫩茎变黑被破坏。
花蕾被咬萎蔫态，花瓣卷曲难伸开；
幼虫蛀果吃种子，果实空瘪籽不在。
成虫幼虫都为害，始终一棵树上呆；
破坏嫩芽难长高，花容难以娇艳开。
梨象见光聚拢来，昼伏夜出来为害；
稍有惊扰假装死，遇见糖醋胃口开。
蜂蜜加药瓶装载，悬挂树上引虫来；
梨象吃蜜药毒死，亡命只因把蜜爱。
药剂混合杀虫快，全身喷雾药覆盖；
内吸药剂可灌根，一旦取食遭毒坏。

（四）紫薇蛀干害虫（天牛）防治

蛀干害虫干内藏，天牛就是锯树郎；
蛀食树干成坑道，紫薇受害树难长。
顶芽最先受影响，接着枝梢不伸长；

下部侧芽多萌发，蛀孔出现树干上。
一旦蛀入树遭殃，一年四季在啃伤；
切断上下输送道，枝枯干断树死亡。
防治蛀虫三道墙，灯光诱集杀虫娘；
内吸药剂加熏蒸，幼虫喷药易死亡。
天牛喜欢黑灯光，适当间距把灯装；
傍晚开灯拂晓关，诱集箱内把药放。
棉团蘸药虫道放，放药虫孔严封挡；
内吸药剂可灌根，也可瓶插树干上。
幼虫孵化喷药忙，浓度适宜二三趟；
熏蒸触杀都能上，钻蛀之前虫灭亡。

四、病害防治方法

（一）紫薇白粉病防治

紫薇白粉头号病，典型症状是白粉；
叶片嫩枝花和柄，各个部位难躲避。
温暖潮湿易发生，一年多次可染病；
新芽萌动开始生，一直蔓延至秋深。
初期斑点小白粉，严重覆盖粉霉层；
后期白粉变灰色，扭曲枯萎或畸形。
防治紫薇白粉病，预防为主要先行；
避雨栽培叶干燥，控制湿度是根本。
每年落叶清干净，减少病原措施行；
育干地里通风好，覆盖地膜病少生。
药剂防治白粉病，石硫合剂粉锈宁；
还有甲基硫菌灵，多菌灵可预先防。

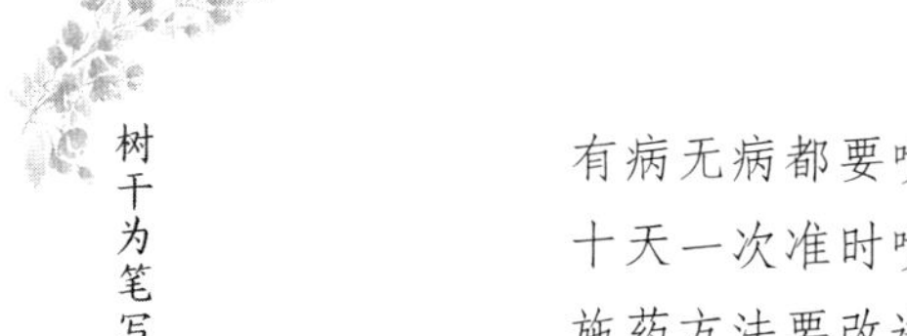

有病无病都要喷，萌芽喷到叶落尽；
十天一次准时喷，毫不松懈贯全程。
施药方法要改进，喷雾方法有毛病；
烟雾弥漫遍周身，不留死角一身轻。

（二）紫薇褐斑病防治

紫薇常生褐斑病，病原就是尾孢菌；
下部叶片先发病，以后逐渐向上生；
初期病斑为圆形，先为黑色后加深。
后期病斑中心变，颜色逐步转浅淡；
着生灰黑小霉点，严重病斑连成片。
叶色由绿渐褪淡，淡绿迅速变黄脸；
病叶脱落常提前，叶毁生长受牵连。
防治紫薇褐斑病，方法如同防白粉；
紫薇白粉防治好，紫薇褐斑病难生。

（三）紫薇煤污病防治

紫薇易生煤污病，叶面布满黑霉层；
样子难看谁观赏，生长衰弱病不轻。
病原本是煤污菌，蚜虫生长是起因；
绒蚧粉蚧介壳虫，分泌粪便病菌生。
高温高湿风难进，蚜虫蚧虫大发生；
虫生蜜露盖叶身，滋生暴发煤污病。
防治紫薇煤污病，控制虫害除病根；
内吸杀虫药选准，药液灌根虫难生。

五、病虫害综合防治策略

紫薇育干大不同，一芽一心往上冲；
持续生长不间断，一气呵成有专攻。
顶芽保护重中重，丝毫不能放轻松；
一旦芽头被破坏，前功尽弃好心痛。
坏芽因素有多种，病虫危害第一凶；
未曾发生先预防，综合防治记心中。
不论生长休眠中，全程牢牢要掌控；
密切观察莫懈怠，预防保护是专攻。
物理化学法不同，科学结合交替用；
避雨能把湿度控，清除病原第一功。
施药方法各不同，多法结合有妙用；
诱杀弥雾和灌根，所有部位不落空。
不论病菌和害虫，全程预防严掌控；
病虫兼防巧安排，没有危害方成功。

第九节　高接换头

高接换头变新样，红白紫堇谱新章；
组合应用构图案，运用自如任巧妆。
为了育干快成型，育干品种选速生；
花色单一难如意，高接换头事必行。
依照树干大小分，大中小干有三等；
三寸*以上为大干，半寸以下是小型。

* 寸为非法定计量单位，1寸=3.333 33厘米。——编者注

按照构图区域分，独立成组区块型；
单枝独立多成组，面积较大区块形。
按照嫁接位置分，冠高均分为三层。
高低不同各有意，区别对待方能成。
顶芽膨大至破口，紫薇枝接好下手；
适时嫁接生长快，过早过迟难合口。
育干单株要换头，分清情形分先后；
有的单株长成换，也有组合成活后。
先后如何来着手，要看造型的要求；
快速成型靠接前，增粗成型靠接后。
嫁接品种要选准，花色花型规划定；
接穗接芽质量好，规格相符才放心。
换头树干无病体，生长健壮有活力；
嫁接部位有要求，粗度不低一厘米。
单株靠接已完成，树干愈合根驻定；
春季树液开始动，从夏到秋均可行。
硬枝嫁接发芽前，绿枝嫁接需旺盛；
夏季芽接芽暂停，秋季芽停才可行。
接后肥水要跟进，肥料充足才旺盛；
树液丰盈流动快，愈合生长能促进。
检查成活要细心，发现死亡需补进；
砧木萌芽去除净，砧穗结合要贴紧。
伤口愈合要看清，解绑早晚要认真；
及时解开绑扎条，防止接口起缢痕。

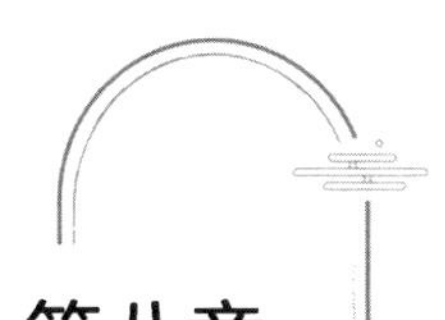

第八章 紫薇育干苗木质量分级与检测

第一节　紫薇育干苗木等级质量概说

紫薇造型有设计，单株育干同一批；
同天同地同肥水，相比设计有差异。
形态指标和生理，生长旺盛有活力；
苗木质量三合一，综合达到才优异。
形态指标可解析，苗有高矮和粗细；
树干直径递减率，转角大小合设计。
生理指标有分细，苗木含水不能低；
吸肥吸水势强劲，树体充实很丰逸。
地上枝叶和根系，无病侵染和虫欺；
组织完好无损坏，代谢有序好生理。
第三指标是活力，不利环境能抵御；
愈合生长养分足，生根迅速有活力。
三大指标能保齐，相同规格放一起；
育干靠接作造型，大小一致才美丽。

第二节　紫薇育干苗木质量指标

一、形态指标

（一）树干高度

解构单株确定好，起点终点要知晓；
两点之间垂线长，才是育干苗木高。
此高不能比彼高，彼高基部至顶梢；
此高两点垂线长，相对传统莫混淆。
整体成型要求高，此项必须要计较；
育干高度是基本，达到成型才完好。

（二）树干直径

每个单株培育成，上下粗度要匀称；
干上某处横切面，最宽长度是直径。
苗木从下往上生，单株树干能长成；
不同高度有直径，此点必须弄分明。
单株构造整体型，多点靠接来完成；
靠接之处干大小，粗细一致才周正。

（三）树干直径递减率

起点终点干连续，上下两点有间距；
两点直径数相差，除以间距递减率。
不论直干或弯曲，皆有直径递减率；

粗细不同有差异，递减有缓也有剧。
整体成型有所需，递减速率有数据；
成型美观需考虑，数值相同才选取。

（四）树干段长度

单株树干有技谱，干型变化皆有度；
树干分段点控制，点间距离是长度。
每个干段长短数，逐一控制无误差；
分段对应能整齐，价值显现有高度。
分段控制莫疏忽，做好此项有难度；
成型靠接能精准，成型才有美观度。

（五）树干段形状

树干被点分成段，各段形状有变换；
有的干段是弧形，有的干段是直线。
干形变化是必然，整体形状才多变；
整体是由单株连，对应靠接不能变。
依据设计控干段，精准成型是难点；
分段控制成型好，靠接整体才美观。

（六）转角大小

干上若干控制点，树干分成若干段；
相邻两个树干段，以点为界多变换。
点前点后树干段，以点相交成平面；
两段之间成夹角，度数大小依形变。
有的相交不成面，段形有别是关键；
面体之间有变换，相对变换形体现。

（七）树干段方向

单株分成若干段，二维三维有弯转；
整段位图有方向，起点终点向量线。
点段连续不间断，坐标确定点和段；
前后由需不错乱，参数控制任其变。
干段方向多有变，形体样式才纷繁；
形变景异有机宜，精巧设计树干段。

（八）嫁接愈合痕迹

高大形体要实现，需要单株超长干；
或是树干要等粗，分段嫁接是关键。
嫁接必有痕迹显，接口愈合凸痕现；
若想接口能平滑，无痕愈合是难点。
细微之处攻难关，平滑光洁不一般；
超长等粗无凸斑，方见美轮和美奂。

（九）根系指标

根系能把树支撑，吸水吸肥有本领；
根长根幅侧根数，形态衡量根特征。
土壤水肥广布性，吸多吸少由根定；
根系深入幅度广，侧根密集根强劲。
供水供肥有保证，叶片生长才茂盛；
有机合成长根干，快速育干能完成。
多株靠接作造型，必经移栽才完成；
迅速生根是关键，成活完全由它定。

二、生理指标

（一）苗木水分

含水量

无水苗木不生长，关键因子含水量；
不论生长或休眠，都需有水才正常。
生命活动弱与强，取决体内水状况；
水分充盈生长旺，水少休眠或死亡。

水　势

水分含量一把尺，判断状况有迟滞；
反映变化较精准，苗木体内有水势。
树体水分化学势，水由高势流低势；
水势相等不流动，流速方向看差值。
渗透势加压力势，共同组成是水势；
测出水势作判断，选苗用苗高层次。

（二）矿质营养

苗木移栽需生根，若不生根枉操心；
生根动力从何来，全靠苗体有养分。
矿质营养不亏损，生根快速又凶狠；
芽头萌发粗又壮，生机勃勃立根稳。
若是营养不充分，芽不萌发根不伸；
许久不见有动静，耗尽养分命不存。

第三节 紫薇育干苗木的调查与检测

单株育干已完成，紧锣密鼓奔下程；
移栽单株作靠接，期盼早日长成型。
为了精准能成型，栽前检查事必行；
所有苗木必查清，分级利用自分明。

一、苗木调查的时间

只因精准要成型，形美才有好收成；
育干单株有差异，分级利用好成型。
育干单株叶落尽，调查工作立即行；
只争朝夕不松劲，萌芽之前要完成。

二、苗木调查方法

（一）调查范围

株株必须要查清，逐项指标要完整；
全部普查无遗漏，分级选用方向明。

（二）单株初查编号

单株树干培育成，全部单株要合形；
高度必须要达到，最小粗度能响应。
高度不足粗不够，蛀孔伤皮形不正；
列入编外不纷争，挂上黑牌编外行。
初步筛选已完成，单株归类属哪形；
各形之下再编号，一株不漏全标清。

（三）编制调查记录表

普查清楚单株形，只为成型合和精；
单株编号必列进，控制各点顺序清。
各个干段方向明，角度大小有确定；
干段长度需量准，平均粗度算周正。

三、苗木质量形体性状的测定

（一）树干高度

育干单株有高度，起止两点搞清楚；
两点之外还有干，之间垂距是高度。
各形单株有高度，精确测量少差误；
高度一致能对齐，对应靠接吻合度。

（二）树干直径

各段树干有直径，顺序标注作分明；
端点两个和中心，三点平均作测定。
单株还有不同形，截面形状参数定；
分项测量不含混，大小自然能分清。

（三）树干段长度

整体形状各有异，单株变化自有理；
分段变换成株形，各段长度亦不一。
端点必须要对齐，中间长度不走移；
各段顺序分仔细，清楚对应才有益。

（四）树干段形状

育干单株有多形，圆形方形任意形；
干上断面成构造，何形依据设计定。
形状亦有参数定，各个参数要分清；
对应测定要精准，靠接结合才合形。

（五）转角大小

干上转角要测定，顶点两边要弄清；
边对干段中心线，段间转点就是顶。
测角仪器来测定，数值大小要看清，
对应记录不错乱，数据准确要紧盯。

（六）树干段方向

单株树干有形体，分段布局有道理；
二维平面能成形，还有三维成立体。
二维坐标控平面，三维坐标控立体；
起止两点坐标定，干段方向不偏移。

（七）嫁接愈合痕迹

单株培育有嫁接，接口平顺又光洁；
有无凸痕用眼观，凸痕深浅有区别。
接口顺序编号列，最大直径量正确；
所在干段有直径，大小比较易判别。

四、单株苗木形态指标技术档案

单株有形亦有样，分形靠接不同状；

形态指标逐项测，原始记录核周详。
所有单株测停当，装订成册要归档；
正确录入电子档，后续利用才有方。

五、单株分形建档

形体设计很周详，单株图谱有模样；
各个整体单株谱，对应单株要归档。
单株顺序编清朗，分号排序同一样；
同形单株作比较，分株选择不迷茫。

第四节 紫薇育干苗木质量综合评价

一、育干苗木质量形态指标评定

（一）编制同形单株评定表

单株测定已完成，成形好坏需判定；
形态指标综合评，质量优劣分几等。
单株质量要判定，控制性状分四层；
目标约束标准层，评价单株最底层。
第一就是目标层，单株质量优劣性；
总体目标来控制，逐步分解到各层。
第二就是约束层，七项指标来构成；
树干高度和直径，夹角大小方向明。
干段长度愈合痕，还有一个是干形；
各个参数经测定，综合数据作判定。

第三就是标准层，每个性状标准性；
好坏优劣分几等，对比标准分项评。
第四就是评判层，各个性状测分明；
专家逐项分权重，测定结果要判定。
对比标准数值定，构造矩阵方完整；
计算灰色关联度，判断矩阵就确定。
各个性状总分清，综合总分就确定；
技术图谱作标准，比较判定优劣性。

（二）编制整体单株评定结果和利用表

单株优劣已评定，顺序编号要记清；
分形归类列表单，精确选用指导性。
整体靠接制成形，全靠单株组合成；
有序选择准和精，整体质量可保证。

二、紫薇育干苗木质量控制与应用

整体质量要上乘，单株质量来确定；
单株检测是手段，精美造型目的性。
单株逐步来长成，控制体系作完整；
环环相扣攻细节，全程控制不松劲。
各项措施协同性，安全有效来执行；
育干快速质量优，多快好省目标成。

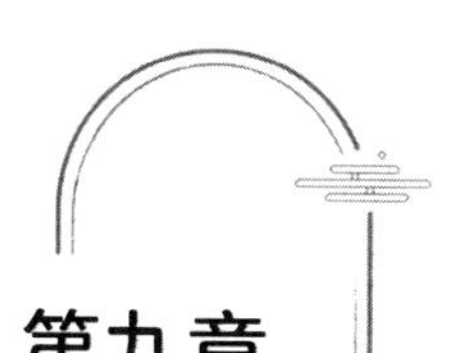

第九章 紫薇靠接育干苗木起挖与运输

第一节　紫薇树干艺术造型对靠接成型育干单株移栽要求

一、符合设计单株要求

不论整体是何形，皆由单株来拼成；
单株要与设计合，各项参数能对应。
高矮粗细皆均衡，各个单株应齐整；
靠接位点合精准，整体成型为上乘。

二、苗木质量好

单株构造要合形，生长健壮无虫病；
营养充足长势旺，根有活力且完整。
质量控制贯全程，分级利用要严行；
以次充好切莫做，形美质优心愿成。

三、有序取苗

整体解构顺序性，依照顺序靠接成；
取苗靠接衔接好，单株移栽紧依承。
取苗多少数目清，单株编号有对应；
护干护根不毁损，有序移栽无纷争。

四、全部成活

苗木取挖根完整，处理措施有效行；
运送安全不损伤，有利根系快长成。
整体不论大小形，分批移栽来完成；
即起即栽要紧盯，生根成活有保证。

第二节 紫薇育干单株起挖苗木的选取与确定

一、移栽育干单株苗木的确定

评价结果是依据，整体造型分形取；
造型形体数清晰，单株数量有盈余。

二、起挖单株顺序表

评价结果有明细，形内单株有分级；
同形同级归类用，依照设计编顺序。

三、起挖前育干单株苗木核对

取苗清单已确定，现场核对数目清；
各形单株有对应，有效成型能保证。

第三节　育干单株苗木起挖前准备

一、制浆土壤

移栽单株是裸根，出土根系失水分；
土壤制浆盖根皮，护根保水好生根。
制浆土壤要筛分，黏性细土能粘紧；
足量准备放苗地，方便取用才省心。

二、土壤杀菌消毒剂

种植土壤多年耕，积累多种土传病；
苗受侵染根腐烂，危害严重难活命。
不论长苗或蘸根，提前预防是根本；
土中多种病原体，依病选药是标准。
真菌细菌放线菌，线虫为害苗木根；
还有一种是病毒，伴随残体土中存。
对症选择各药品，有效杀灭各病菌；
杀菌消毒保清洁，药剂提前需购进。

三、包装材料

苗木出土到栽进，中间过程有转运；
进出时间长和短，苗木损伤失水分。
为保苗木少受损，包装护苗保水分；
护根护干同跟进，材料选择需谨慎。
密封套袋包装根，布条草绳干打捆；
布块草席作垫层，依需齐全有备份。

四、伤口涂补剂

育干单株起挖前，终点以上作修剪；
树干剪截伤口现，损失水分病侵染。
剪口必须要封严，保水防病莫怠慢；
备用伤口涂补剂，移栽成活保安全。

五、生根剂

取苗断根无法避，新根焕发转生机；
移栽施用生根剂，提高生根发根力。
单株靠接构形体，全部成活是必须；
选择剂型要适宜，移前备足生根剂。

六、运输机具

起挖栽植步调齐，相互衔接要合宜；
近距取运分小批，小型灵活选运具。

若是单株远距移，适合运具需考虑；
各形单株有高矮，车厢长度要适宜。

七、起苗工具

单株苗小根层浅，留根长度有长短；
留根长度作半径，圆周下锹把根断。
锹口圆弧好和边，宽口入土速度显；
断根取苗高效率，工具适合不简单。

八、育干单株苗木运输支撑架

细长单株要运输，颠簸挤压力加身；
避免压断伤树皮，保苗护苗需用心。
单株形异好区分，分形支撑绑扎稳；
活动支架巧设计，安全运输不坏损。
材料多是钢铁身，支架制作焊接稳；
主体骨架不变形，活动支架能拧紧。

第四节　移栽时间

一、移栽时间的确定原则

单株成活整体成，移栽时间需确定；
适宜生根好成活，有利操作方便性。
有叶堆积看不清，相互靠接难控形；
单株无叶能通透，前后关系自分明。

二、移植时期

苗木休眠芽未动，生理活性亦较低；
营养充足有耐力，不利环境能抵御。
育干单株要取移，最佳时间是春季；
气温回暖渐趋稳，发芽生根合规律。
芽前移栽最适宜，栽后进入生长期；
多项节约降成本，有效掌控增效率。

第五节　起挖前育干单株苗木处理

一、育干单株苗木修剪

单株育干一个顶，连续生长育成形；
起挖之前要修剪，主要工作是切顶。
剪切位点要确定，设计终点有对应；
各形单株定准确，剪口要求要平整。

二、切口封闭处理

起挖单株切了顶，剪口干缩失水分；
使用伤口涂补剂，封堵伤口是根本。
一剪一涂不间停，涂抹封堵要完整；
单株顶端不干缩，发芽出枝有保证。

第六节　紫薇育干苗木的起挖

一、取苗方式

造型整体有大小，对应单株多与少；
逐株拼接相互靠，干间清爽才明了。
有叶遮挡难知晓，无叶通透不混淆；
取苗单株能光干，精准靠接才最好。
拼接单株树干靠，根系位置对应好；
若是单株带土球，相互挤占位难到。
单株根系土脱掉，上下重叠根位到；
移栽单株要起挖，方式最好裸根苗。

二、切根

移栽单株要取苗，切根环节少不了；
留根长度长和短，有利成活要记牢。
根系长度确定好，根长依照干基绕；
绕干一周画圆圈，对应圆圈好下锹。
锹口入土深度到，全部侧根都切掉；
底部根系土掏空，切断底根方为好。

三、浇水去土

单株根系已切好，根部立即用水浇；
浇水应该浇到透，浇透土团全垮掉。

四、解绑出苗

浇水入土全浸到，单株绑缚要解掉；
护干提苗根出土，轻拿轻搕苗放好。
剪具锋利掌握好，剪断绑绳不伤苗；
不能放任苗自倒，手护苗身要周到。

第七节 出土育干单株苗木的处理

一、根系修剪

树干靠接作造型，切根单株移栽成；
根系切断有伤口，伤口感染易生病。
根系修剪立即行，伤口全部要剪平；
黑根烂根都剪掉，有利新根好出生。
剪具锋利不带病，消毒轮换不节省；
快速修剪不拖延，根系健康有保证。

二、蘸浆护根

（一）制泥浆

取苗田地放桶盆，方便移动退和进；
取苗剪根蘸泥浆，远近适宜位置分。
备用土壤放入盆，土壤细碎又均匀；

半盆土壤装填好，生根消毒要放进。
药剂用量有分寸，依照说明有标准；
加水搅拌和均匀，稀稠适度能粘根。

（二）蘸根

泥浆调制拌均匀，单株根系放入盆；
入浆深度平干基，全部蘸裹要均匀。
一盆用完接下盆，材料配送需紧跟；
只要有苗在取出，制浆蘸根不间停。
取苗蘸浆衔接紧，蘸浆护根保水分；
移栽全程谨遵循，护干蘸浆苗不损。

三、根系包装

根系蘸浆保水分，久放泥干不护根；
根表泥浆稍晾干，根系套袋保水分。
袋子大小能包根，包好袋口要扎紧；
材料耐用少破损，反复使用降成本。

四、单株苗木打捆

运前苗木要打捆，方便码放和装运；
同形单株分类捆，以便装卸好确认。
单株捆扎多少根，装车卸苗能搬运；
上下中部捆扎好，松紧适度不散分。

五、分形有序装车

车况良好保运行，苗木支架安稳定；
绑扎绳索准备好，护苗支架要固定。
钢铁支架作支撑，放苗之前有垫层；
颠簸滑动伤树皮，软垫防止硬碰硬。
单株靠接有分形，规格编号已分明；
同种形体同规格，有序码放二三层。
装运顺序依造型，对形对株保供应；
少装多跑苗不损，严禁码放超多层。

第八节 紫薇育干苗木的运送

一、平稳运送

车道通畅有保证，路面不好要平整；
快速行车易颠簸，控制车速平稳行。
颠簸挤压苗变形，伤皮断干能发生；
安全行车需谨记，毁苗事小伤人命。

二、一次送达

运输车辆不带病，一次送达有保证；
运送车辆有轮换，车况良好才运行。
一旦车辆出毛病，苗木转运难折腾；
费工费时增成本，起挖栽植被暂停。

第九节　紫薇育干单株苗木卸车和假植

一、有序卸苗

苗木送达用苗地，解绑卸车有顺序；
方便取用作靠接，放苗位置留间距。

二、苗木假植

苗木成批来送进，四周码放露地存；
用苗进度不对等，单株靠接有序拼。
苗木亦是有生命，呼吸代谢不歇停；
出土苗木水失衡，树体水分贵如金。
风吹日晒苗木身，干皮蒸发失水分；
塑料套袋保水分，日晒高温怕烧根。
保水就是保生命，假植护苗要秉行；
良苦用心少失水，生根成活有保证。

（一）确定假植位置

靠接空间好施展，确定距离近和远；
用苗地点四周放，分形选定假植点。

（二）搭建临时遮阴蓬

假植地点已确定，依据苗长定蓬形；
空间富足好摆放，支撑棚架能稳定。
遮阴覆盖要双层，三方围绕齐地平；
取苗一面不遮盖，方便取用人出行。

（三）有序摆放

整体单株有多形，有序靠接来完成；
各形单株依序放，苗木号牌有对应。
看似简单需谨行，顺序靠接有保证；
一旦错乱难找寻，一丝不苟贯全程。

（四）喷水护干

棚内苗木临时存，间歇喷水干湿润；
专人管护需勤恳，细致周到不间停。

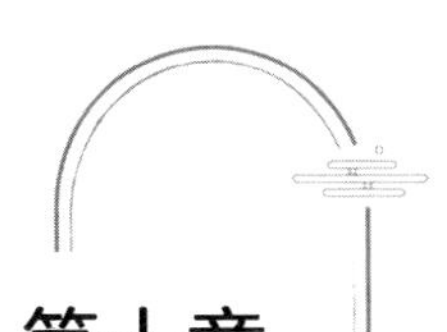

第十章 紫薇造型整体的成型靠接

第一节 整体成型靠接培育场地规划

一、苗木种植场地选择

培育场地应选好，场地平坦肥力高；
交通便利好进出，排灌方便光照好。

二、苗木种植场地规划

（一）确定场地面积

整体造型育多少，还有沟渠和车道；
其他用地有预留，总体面积定明了。
依形分区布局好，各区面积不能少；
单体间距依树冠，均衡生长能做到。

（二）苗木栽植场地整理

种苗场地厢分好，宽窄依据苗大小；
厢面要比沟底高，高差两尺不能少。
翻耕厢土深度到，杂草杂物清理掉；
破碎土团做平整，方便操作好栽苗。

（三）苗木栽植位点的确定

栽苗土厢平整好，位点确定好栽苗；
苗体根部有设计，落地面积应明了。
厢宽中点标明了，苗根中点好对到；
造型单株多和少，根系落点有参照。
单株树干作接靠，落根位点确定好；
各株落根位点定，边缘框线划明了。

（四）靠接支撑模架安装位点确定

落根线框已划定，紧沿线框安支撑；
备用模架选对型，入土长度设计定。
模架入土浅和深，依据设计来挖坑；
挖足深度再放进，扶正模架作固定。

三、种植场地道路规划

整体成型要外销，苗间预留修车道；
车道间距布局好，吊车旋臂能伸到；
小体苗木离道远，大体苗木靠车道。
车道主次要分好，宽窄依据车型号；
主道大车能进出，次道小车能转苗。

四、靠接成型苗木排水灌溉设施规划

（一）排水设施规划

沟渠规格大或小，最大降水能排掉；
大小沟渠要配套，分占面积确定好。
排水方向应明了，大渠小沟布局好；
沟渠长宽和沟高，排水通畅不内涝。

（二）水肥一体化设施规划

整体靠接初成形，就想快速能长成；
水肥同步满需求，生长迅速才可能。
水肥一体设施化，均衡供应作用大；
培育场地规划好，节本增效好方法。
育干场地已安装，水管连通供水房；
主管通进培育地，滴灌系统布全场。
滴灌输水安管网，修建水肥管理房；
施肥装置接主管，后续连通支管上。
支管分区布停当，管口安装在苗旁；
造型整体个个有，围绕苗根滴灌装。
设施安装讲质量，专业施工最在行；
质量可靠又精良，稳定运行有保障。

第二节　紫薇造型整体成型靠接操作流程

整体单株培育成，靠接构造整体形；
规范操作成效好，前后有序五进程。

成型靠接一进程，准备工作要齐整；
本程包含三部分，缺少一样不得行。
一是图谱要齐整，整体图谱需分清；
单株图谱能对应，靠接图谱要分明。
二是材料保供应，靠接模架制作成；
所需单株已选定，绑带药品依需领。
三是场地已选定，大小满足操作性；
单株放置在附近，浇灌用水有保证。
成型靠接二进程，单株靠接拼成形；
本程可分三部分，分部操作来执行。
一是模架安稳定，靠接模架要对形；
入土部分固定紧，苗木全靠它支撑。
二是靠接精准性，靠接单株选对形；
有序靠接不错乱，根干分别对齐整。
三是绑缚要周正，逐点绑缚初成形；
分段多点作绑缚，对齐对准再固定。
成型靠接三进程，核实靠接准确性；
此程亦分三部分，壅土盖根苗身正。
一是核实准确性，完成一株需立行；
逐株段点核实清，如有差错好更正。
二是接点做完成，靠接模架作支撑；
紧贴模架绑缚好，固定单株苗周正。
三是单株已绑定，壅土盖根不见影；
立即浇透定根水，喷水护干不间停。
成形靠接全过程，环环相扣遵流程；
依序操作技娴熟，靠接质量有保证。

第三节　整体成型靠接前的准备工作

一、成型靠接技术图表准备

（一）整体造型设计技术图谱

整体事先设计好，依图靠接谨遵照；
图样清晰又完整，还有技术参数表。
整体图谱应配套，复制备份随时瞧；
读懂图意心明了，参数控制理解好。

（二）分部造型设计技术图谱

为了成型能装运，大型整体被解分；
各部关系要理清，对应图表细查审。
分部理解需勤恳，参数图意不囫囵；
图表复制有备份，对应图表好查询。

（三）整体或部分造型单株技术图谱

不论整体或部分，单株图谱随后跟；
单株分形有图谱，分形对应不含混。
单株图谱核对清，复制备份应完整；
前后关系须分明，用时查询能对应。

（四）成型靠接顺序技术图谱

整体单株数量清，靠接顺序表册明；
取用单株作靠接，依序操作好遵行。

顺序表册控全程，配备专人不节省；
掌控要领专业性，一株不错型完整。

（五）靠接单株检测结果与选用技术参数表

单株检测级分好，对形选用有牌号；
各株技术参数表，靠接之前要拿到。
同级合形对牌号，依表取用作接靠；
单株苗木差误少，整体成型质量好。

二、整体成型靠接所需材料准备

（一）靠接单株准备

依序靠接有效性，所需单株能对应；
育成单株已检测，合格单株牌号清。
成型靠接发指令，随取随用衔接性；
取用单株无差错，精准靠接有保证。

（二）靠接支撑模架的制作与安装

单株形体细又高，构造整体干身靠；
不论株数多和少，成形周正不晃摇。
平面成型容易倒，三维成型也不牢；
要得成型不歪斜，支撑稳固不可少。
支撑模架设计好，均衡支撑要做到；
材料经久能耐用，靠接之前制作好。

（三）靠接单株绑缚材料的准备

构型单株干身靠，靠接部位要固牢；

滑动偏移不成形，绑缚固定不可少。
绑缚材料要备好，经久耐用需做到；
规格大小合需要，防止松动紧固好。
平滑愈合很重要，绑扎设计想周到；
粗绳勒痕易凸出，成型精美合需要。
细丝绑缚愈合好，韧性强硬能做到；
金属化纤哪种好，比较试验不可少。
靠接段点加外套，合身紧扣方为好；
套扣紧固干无痕，只是成本有点高。

（四）靠接单株苗木防护遮阴架的准备

靠接单株分批到，依序取用急不了；
一株靠好接下株，苗木防护要做到。
操作空间预留好，支架位点需紧靠；
支架设计大与小，放进取出合需要。
活动支架考虑到，方便移动是最好；
支架稳固盖阴网，靠接之前安装好。

（五）靠接苗木所需药剂准备

靠接移栽用药剂，有利成活是必须；
土壤病菌要消杀，促进成活生根剂。
选准药剂不迟疑，依需选用货备齐；
供需协调需用意，确保生根成活率。

（六）整体成型靠接操作人员配备

靠接工作是核心，质量掌控全由人；
分工协作细组织，因需定人要谨慎。
专业人员作统领，标准熟悉业务精；

环环相扣能掌控，保证质量贯全程。
靠接人员要选定，体力充沛人年轻；
未曾靠接先培训，技艺娴熟听指令。
起挖单株人选准，取苗规范合标准；
运送人员技在身，保证安全是根本。
配备养护管理人，喷水护苗人勤奋；
分班搭配组织好，全程护苗不放任。

第四节　紫薇整体造型苗木成型靠接

一、靠接方式

（一）按照单株树干的排列方式分

平行靠接

靠接干段长与短，首尾同向不改变；
平行排列相依靠，不论三维和平面。
两段相靠有平行，多株之间也对应；
不论树干多少根，空间位置都平行。

交叉靠接

干段之间互穿插，一点会合成交叉；
两段相等或不齐，相对位置分上下。
夹角度数小与大，再加交点描述它；
成型靠接常交叉，精准靠接控误差。

其他靠接方式

树干之间排何形，相对位置做决定；
放射排列螺旋状，嵌套重叠各有形。
平面立体次序在，灵活运用巧安排；
分类应用多总结，构图成型更精彩。

（二）按照靠接体形状和结合面积分

单株树干看成线，多株并列靠成面；
多面围合构造体，线面体合形多变。
干与干接或者面，靠接之间面与面；
面体靠接也会有，体与体合无相间。

（三）按照靠接次数分

一次靠接

一个整体是小型，多株一次靠接成；
整体分解各部分，多株一次靠成型。
整体靠接若干点，某点靠接如此称；
相对整体意有用，沟通交流好对应。

多次靠接

大型整体要解分，分部培育再合并；
小部结合造大部，小部多株靠接成。
一次靠接成了型，装运无法上路行；
改长为短宽变窄，分次靠接整体成。

逐步靠接

整体造型大小分，靠接单株有多根；
接合一株接下株，依序分步来推进。
逐步靠接构成型，秩序井然有分寸；
偷工减料功倍增，次序错乱形难成。

二、原皮靠接法

紫薇又称猴刺脱，年年五月要脱壳；
旧皮脱落新皮生，树干光滑皮很薄。
树皮原本很光滑，薄皮相挨共生发；
依据本性作应用，原皮紧贴靠接法。
干身紧贴相依靠，树干不用作切削；
接合之处愈合快，长成一体结构牢。

三、单株对位成型靠接

（一）单株靠接绑缚顺序

单株靠接整体形，起始单株先绑定；
起点终点对应好，绑缚模架形体正。
起始单株已绑成，两侧靠接可进行；
对应段点做重叠，株序排列要对称。
一上一下相间行，整体成型才规整；
对准起点先紧固，从下往上分步行。
靠接段点应对准，依序绑缚直到顶；
第二单株绑完成，干与模架成平行。
第三第四依序行，直到整体靠接成；

靠接单株保护好，安全操作贯全程。
如果整体是大型，分部分块来进行；
靠接一块接下块，依序完成整体性。

（二）整体成型靠接起始单株位点的确定

靠接图谱顺序清，第一单株已标明；
依据图谱对模架，靠接位点能划定。
单株图谱看分明，固定位点有对应；
先在模架标起点，各点依序来标清。
整体大小有区分，对应图谱细查审；
小型整体只一个，大型整体有多根。
大型整体分部分，每部起始有一根；
依体分部确定好，起始单株不含混。

（三）对序对形取用靠接单株

固定位点已画下，选取首株靠模架；
单株检测虽挂牌，再次核对无错差。
起始单株有图谱，检查参数吻合度；
核对单株整体形，合形无差再绑缚。

（四）起始单株对位与固定

起始单株已选出，靠近模架作绑缚；
对准起点先固定，再往上点作紧固。
单株紧贴模架身，绑缚各点要对准；
对位对点紧固好，形体周正定干身。

（五）单株依序逐步对位靠接

起始单株已绑定，延伸靠接有序行；

靠接苗木核株形，靠接段点看分明。
对准段点做靠接，树干上下作重叠；
树干轴线两对齐，控制段点不歪斜。
各个单株次序清，依序靠接整体形；
全程变化苗不损，直到全部靠接成。

四、靠接单株绑缚

（一）树干靠接对绑缚材料的要求

紫薇树干作靠接，相护依靠能紧贴；
靠紧愈合快又好，长久维持不停歇。
长久靠接需绑缚，借助外力才紧固；
绑缚材料有要求，经久耐用不烂腐。
缠绕树干作绑缚，思量愈痕有和无；
材料粗细慎重选，快速愈合痕不出。

（二）绑缚材料的选择

不锈钢丝

不锈钢丝含有钼，表面光滑又耐腐；
紧固树干径细小，捆绑焊接难滑出。
靠接树干细丝绕，最大丝径小半毫；
树干勒缝细又小，勒痕愈合难凸冒。

PE 纤维钓鱼线

PE 纤维钓鱼线，经久耐用色不变；
抗拉强度比钢高，柔软纤细不延展。

线径小于半毫米，捆绑树干强有力；
细线勒紧嵌皮层，小缝皮层易长齐。

套扣紧固器

设计套扣紧固件，卡套树干在里面；
扣合树干不伤皮，快速愈合痕不现。
套扣设计组合件，扣合拆卸很方便；
质地坚硬不变形，经久耐用能体现。
基本组件是两半，复杂卡套有多件；
每个组件有卡槽，槽形吻合贴树干。

（三）绑缚方式

靠接部位干长短，依据构形有变换；
有的相靠在一点，有的相连于一段。
靠接部位有段点，绑缚方式依需变；
单点绑缚点靠接，一段绑缚需多点。
绑缚方式对应选，紧固树干不移偏；
靠接部位皆紧固，愈合一体紧相连。

（四）绑缚物的连接固定方法

靠接段点对齐整，接点立即要绑定；
不论材料选哪种，紧实固定方才行。
材料各自有特性，固定操作便于行；
方法有别作固定，操作不伤树皮层。
丝线死结不松劲，套扣螺栓需拧紧；
愈合快慢看松紧，紧贴愈合快成型。

第五节 靠接苗木壅根覆土与养护

一、回填底土

单株靠接构体形，干身对位常调整；
裸根悬空才灵活，对齐绑缚作固定。
分部分段靠接成，覆土依据靠接定；
后段靠接不影响，前段覆土要进行。
悬空根下土整平，配制肥土填底层；
厚度一尺不嫌多，土盘大小依形定。
踩紧下层填上层，底土回填与根平；
根系之外围土坑，高度超过根上层。

二、分层覆土壅根

根部分段围好坑，壅土需要看根情；
交错重叠根层厚，填土壅根需分层。
壅根土壤要筛分，土粒细小好落进；
细土壅根过一半，分次浇水土下沉。
一层落定再放进，直到落土平表根；
盖根情况需查验，全部覆盖不现根。

三、浇水护干保根

靠接工作在进行，养护工作需紧盯；
壅根土壤常浇水，喷雾湿干不间停。
精细管理控全程，直到靠接做完成；
苗体水分少损失，生根成活有保证。

第十一章 整体靠接苗木培育

第一节 整体靠接苗木的养护管理

整体形体靠接成，主要管理是养护；
各个单株皆断根，恢复生机到稳定。
靠接模架稳支撑，根部覆土不见影；
根干有水能湿润，新根新芽早出生。
绑缚紧固不松散，防控病虫不出现；
土不积水透气好，苗木自立很强健。

一、整体苗木支撑

单株组合整体型，靠接模架作支撑；
支撑紧固需长久，检查模架稳固定。
靠接模架立土中，土壤水多会松动；
若是整体重心偏，倾覆倒地形毁容。
整体形体靠接成，外加辅助作支撑；
掌控整体型重心，架设撑干撑稳定。

支撑部位要选准，形体上部控重心；
横干形状依形体，支撑横干需绑紧。
树干表面加垫层，软带绑扎紧固定；
选好撑干和支点，多干多点做支撑。
撑干材料好性能，经久耐用不变形；
合理分布点和线，成面支撑形稳定。
横干连接模架身，合体控制形体稳；
重心有依不偏斜，支撑受力分平均。

二、根部覆土

单株靠接整体身，分步分株来加进；
栽好前株接后株，逐步覆土保护根。
整体苗木栽植坑，分部填土有多层；
松土之上布根系，细土盖根至完成。
根部浇水土下沉，松土下落会露根；
露根就会失水分，保水护根需用心。
不论露浅或露深，勤于检查不粗心；
随浇即盖根不露，一株不漏必躬亲。
此期最具风险性，护根养根需谨行；
多次反复不疏漏，直至最后土落定。

三、靠接绑缚管理

整体形体单株拼，接点绑缚紧和稳；
松懈位置要偏移，整体成形难精准。
靠接部位须绑紧，愈合快慢看贴身；
紧贴栓皮难留存，生长一体不停顿。

接点绑缚须稳沉，左右不动难移身；
部位对接能吻合，形体周正才称心。
暴雨淋身狂风刮，左摇右晃出偏差；
接点绑缚逐个查，直至愈合才停下。
每次大雨大风过，遍查遍访细张罗；
松紧全靠手触摸，及时紧固不放过。

四、喷水护干

整体靠接已完成，形体支撑作稳定；
树干成形身裸露，风吹日晒作抗争。
树干表面有皮孔，干体内外能连通；
交换气体好呼吸，水分蒸腾往外冲。
树干水分能充盈，新根新芽好萌生；
若是失水皮干枯，根芽难生难活命。
喷水护干保水分，全程养护需谨慎；
长期喷雾润树干，直到根叶长沉稳。
喷水落下进土层，土壤积水根难生；
土表铺膜作隔断，护干保根两并行。

五、土壤水肥管理

（一）土壤水分管理

靠接整体快成型，依靠根旺强生命；
吸收充足肥和水，根深叶茂能达成。
水分适宜根强盛，躲藏土中不见影；
水多水少需判别，安装筒管检查井。

靠接之前需埋进，超过根底两尺深；
筒管竖直或倾斜，顶部出土二三寸。
硬实细小一长棍，入管一头绑布巾；
棍头深入管底部，水多水少能分辨。
每逢大雨一落停，探访每个检查井；
土不积水根健壮，整体生长才强盛。
遇有积水即排尽，形体周围沟挖深；
排水通畅不留存，长久积水就伤根。
管道滴头布均匀，土壤供水要平稳；
土不干燥水不涝，长期保持土湿润。

（二）施肥管理

整体形体靠接成，根系恢复有过程；
过程历经三阶段，新栽新发根长成。
根系出土到落定，再到新根初发生；
新栽浇水不施肥，此点一定要记清。
有肥根系难吸进，浪费肥料不要紧；
移栽新境先保活，遇肥反易根伤身。
干芽萌动根初生，树体养分作支撑；
逐步伸长根幼嫩，新叶展开枝初成。
土壤本身有养分，少量吸肥能跟进；
即使施肥很稀薄，渐次增加促生根。
根系舒展数量增，叶片增多枝上升；
水肥协同能立身，渐入佳境势旺盛。
增肥增水保供应，水肥同步一体性；
温度渐升肥增加，养分配比要均衡。

六、出芽管理

形体树身靠接成，干顶出芽构冠层；
依据设计早谋划，大小树冠能长成。
树冠骨架枝构形，枝干先由芽长成；
各个树干芽生长，位置上下方向性。
依据树冠设计图，分配单株出枝数；
单株出枝数量定，各枝芽点对应出。
对应芽点位置定，出芽管理需随行；
芽点上下留备用，其余芽点全抹清。
芽头长出叶开展，上下牙头作备选；
选强留优看仔细，未曾入选利刀剪。
随着六枝干伸长，依据设计定方向；
安装模架好绑缚，控制方向促生长。
各个出枝控平衡，叶片面积近相等；
摘叶摘心分情况，控制单株同步增。
树冠培育基础性，骨架枝条初形成；
逐株逐枝分仔细，均衡生长构冠形。

七、病虫害管理

自从干上芽初生，病虫出现相伴行；
食芽啃叶有梨象，侵袭叶芽白粉病。
一虫一病危害大，切莫轻敌出偏差；
严重之时全毁坏，新芽新枝需重发。
单株育干说方法，严防严控保新芽；
各个形体不遗漏，群防群治效果佳。

第二节 整体靠接苗木育成管理

单株成活根扎定，此后生长更旺盛；
枝叶增多成树冠，接点愈合干顺平。
整体形体培育成，时间长短看体型；
小体小冠成型快，大体大冠几年成。
育成管理全过程，愈合育冠相并行；
干粗增加愈合快，均衡控枝冠形成。

一、整体靠接苗木树干愈合成型管理

形体接点若干个，快速增粗好愈合；
愈合生长全过程，影响因素要解剖。
影响因素有三个，第一绑缚须紧合；
二是增粗养分足，第三栓皮不阻隔。
不论形体少与多，检查绑缚不蹉跎；
逐体逐点查仔细，无缝紧贴才放过。
遇有松动需重做，对位对点无差错；
立即绑缚紧固好，行动迅速不延拖。
肥水充足根叶旺，制造养分能力强；
养分充足长持续，快速增粗体和长。
愈合一体时间长，持续供肥不铺张；
根深叶茂体健康，快速愈合有保障。
树干皮层要栓化，留存干间在旮旯；
挤占空间成隔层，接点愈合不光滑。
树干脱皮五六月，勤于检查不停歇；
掏刮栓皮不留存，病虫难藏干缝穴。

二、整体靠接苗木的树冠培育

树冠根据形体定，上下合体又合形；
树冠形状分两型，规则型和自然型。
规则树冠有多形，成面枝匀长齐整；
单面水平平顶形，两面相交屋脊形。
面可平面曲面形，多面组合各种顶；
可圆可方可大小，构造各种树冠形。
树冠若是自然型，任其出枝自然生；
单株树干独立景，自由生长成冠形。
树冠是由枝构成，冠体大小要确定；
主枝数量和方向，树冠样式有定形。
单株顶上主枝出，主枝之上侧枝数；
又分位点和方向，看清树冠设计图。
前期主枝芽选定，安装模架控冠形；
主枝出伸勤绑缚，定位主枝方向性。
主枝也有短和长，逐步生长逐步绑；
长度达到和需要，构冠基础不走样。
各个主枝控均衡，占据空间要相等；
摘叶摘心分长短，控制主枝同步增。
树冠主枝培育成，再出侧枝构冠形；
顶端优势随掌控，错落有序布均衡。
侧枝位置和数量，合理分布看周详；
选好芽点出侧枝，控制间距和定长。
主枝侧枝培育成，树冠形状初定型；
侧枝之上长小枝，完成整体树冠形。

各级枝条组冠形，健康生长能完整；
防治病虫和修剪，保持树冠形稳定。

三、肥水管理

滴灌施肥很省心，肥水精确送到根；
水肥一体效果好，滴头分布要均匀。
选择肥料易溶性，养分配比要均衡；
依据整体形体数，施肥方案需确定。
整体一年在生长，测算总体枝叶量；
构造枝叶各养分，分别测定需求量。
枝叶生长各时期，各期需肥定占比；
依据占比再分配，均衡分配各形体。
各期生长分时长，分次确定施肥量；
滴头流量近相等，滴头数量依体量。
设施运行有保障，各个滴头保通畅；
长久供肥不间断，保证形体旺盛长。

四、病虫害管理

形体苗木旺盛长，病虫发生也猖狂；
根干枝叶各部位，日夜侵袭不停当。
严防严控有保障，各部不损体安康；
不留空隙和死角，病虫彻底消灭光。
防治策略是预防，防病防虫一起上；
内吸药剂混肥水，未曾发生先预防。
药剂配比需适量，分期分批不断档；
根系吸药布全身，少受危害体健康。

病虫情况勤查看，各个形体需走遍；
病虫发生先有点，控制起点防蔓延。
病虫起点若发现，触杀熏蒸治全田；
防治效果要检验，杀灭病虫保安全。
病虫多代还重叠，严防严控不停歇；
多法综合控全程，预防为主上上策。

五、补光

整体培育开放性，育成生长靠光能；
光强达到时间足，快速愈合冠育成。
形体生长需动能，来自太阳辐射能；
太阳东升到西落，日月年间不均衡。
地球自转或公转，地域不同不一般；
光强四季差异大，一年之内有变换。
冷暖气流交替性，天有风雨和阴晴；
温度适合光不稳，影响整体快育成。
树冠各级枝构成，枝上出叶有分层；
叶片位置上中下，各层采光不对等。
连阴寡照天不晴，上层叶片遮下层；
光能不足难生长，衰弱徒长常发生。
整体培育促进程，人工补光必要性；
地上安装反光板，效果最好植物灯。
补光要在有叶期，环境温度亦适宜；
波长适用是必需，补强补时看具体。
补光位点要合理，均衡补光各整体；
一个形体布多点，单株生长控整齐。

第三节　整体靠接苗木的抑制管理

整体形体培育成，健康生长有生命；
控制树干慢增粗，形体长久保稳定。
保持根系能健康，基本活力有保障；
控制单株叶面积，树干粗度缓慢涨。
各种外力需谨防，确保形体不损伤；
病虫不侵树干体，形美身健体安康。

一、控制根系健康生长

整体形体培育成，养护重心保稳定；
根系生长要平稳，防止烂根控平衡。
三项措施有效性，不干不泡根有劲；
虫不啃食病不生，施肥少次量减轻。
深沟能排水不浸，土不积水泡烂根；
新根正常有活力，干旱浇水保生存。
地下害虫藏土身，土里钻蛀把根啃；
选准药剂针对好，配制药水浇灌根。
冬春施肥埋土里，腐熟肥料全有机；
入夏旺长补养分，复合水肥灌根际。

二、控制单株树冠均衡生长

整体形体树冠体，各枝生长常不一；
出枝位置高与低，长势强弱有差异。
顶端高位枝优势，低位无力弱小枝；

两级分化冠形变，强势抑制弱扶持。
抑强扶弱靠修剪，优势枝条要间断；
调整养分和采光，平衡生长冠稳健。
骨架主枝分开瞧，各个侧枝作比较；
叶多枝粗强势枝，叶少枝细是弱小。
冬季修剪最适宜，无叶遮挡看仔细；
强枝下部留两寸，修剪之后能补齐。

三、防止形体损伤

育成整体露天长，持久保存美貌样；
外力侵袭难招架，防不胜防有损伤。
叶片细枝受损伤，容易恢复原貌样；
形体树干断几根，形不周全如同亡。
狂风暴雨枝折断，外力碰撞损伤干；
土中进毒祸害根，其上难保树干身。
寒冷天气常发生，凌冻断枝或丢命；
害虫钻蛀干掏空，死干枯枝毁体形。
形体支撑安装稳，凌冻防寒要保温；
严密防控虫不蛀，人工作业要小心。

爆裂　树干劈裂　撞击损伤

树瘤　蛀虫为害　蛀虫为害

紫薇干皮日灼伤　造型树干枯死　树皮被啃食

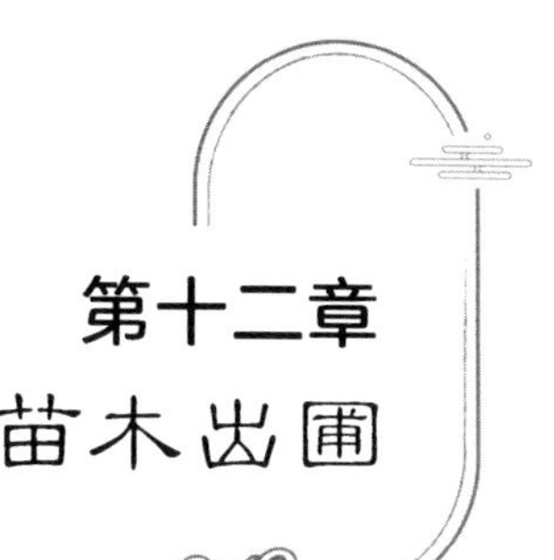

第十二章
紫薇育干造型成型苗木出圃

第一节 紫薇育干造型苗木出圃计划

一、苗木出圃计划

育成苗木一大批，价值转化硬道理；
苗木出圃非小事，计划周全定清晰。
计划内容有三起，策划营销下大力；
流程顺序须牢记，实施事项不漏遗。
计划内容第一起，销售团队要建立；
目标客户需锁定，针对需求发信息。
报纸网络和媒体，多种渠道递信息；
信息反馈做收集，重点客户多维系。
计划内容第二起，出圃流程要牢记；
分级起挖和包装，装运安全莫大意。
计划内容第三起，实施事项定仔细；
实施进程分三期，出苗前中和后期。

前期准备要备齐，分级苗木应熟悉；
材料工具和药品，劳力组织和财力。
起挖包装是中期，合规操作不走移；
专人监管控规程，保证质量信誉立。
吊装运输是后期，安全操作是第一；
保护苗木不损伤，安全送达目的地。

二、策划营销

(一) 制订育干造型苗木营销策划方案

经营理念

经营理念是核心，价值实现之根本；
规范使命和目标，上下一致能确认。
一切管理依核心，贯概全程谨遵循；
客户价值是准绳，目标实现要诚恳。

市场机会与问题分析

紫薇育干作造型，艺术树干观赏性；
普通苗木观花叶，特点自然很分明。
神形兼备成造型，而且长期能稳定；
文景融合艺术品，价值提高自然成。
绿化景观要提升，依靠苗木观赏性；
众多期盼呼唤声，育干造型是回应。

营销战略

艺术树干成造型，苗木产品新颖性；

目标开拓新市场，需求分类有对应。
营销宣传针对性，目标对象要选定；
突出特色和新颖，需求服务有保证。

宣传渠道

宣传形式多样性，形象推介能知名；
网络报纸和电视，传递信息快准精。

价格策略

价格制定有批零，批发代理要确定；
奖励政策制定好，价值目标能达成。

三、出圃流程

紫薇育干作造型，靠接愈合冠成形；
整体培育已定型，出圃最后一进程。
苗木质量行不行，检测比对分几等；
栽植成活高与低，关系出圃全过程。
出圃工作有规程，技术要求谨遵行；
依规操作质量好，苗木成活有保证。
出圃工作有流程，全程包含四进程；
各程要求有规范，依规依序来完成。
苗木分级第一程，综合检测作完整；
品种规格牌标明，对应需求好选定。
苗木起挖第二程，树冠修剪先完成；
树干全身裹护好，起挖土球要完整；
包装土球第三程，土体紧固须保证；
小球绳索能捆紧，大球装箱才得行。

苗木装运第四程，安全操作第一性；
依序码放固定好，检疫调运证齐整。

第二节　紫薇育干造型苗木成型质量检测与评价

一、质量概说

整体造型有设计，成型靠接同一批；
培育措施虽统一，成型状况有差异。
形态指标和生理，生长旺盛有活力；
苗木质量三合一，综合达到质优异。
质量指标可解析，规格尺寸不偏移；
树干粗细均匀度，转角大小合设计。
靠接部位皆对齐，接口愈合需紧密；
各个单株出枝齐，树冠构造能合理。
换接品种无差异，病虫不伤树肌体；
各项指标均达到，质量上乘客满意。

二、质量指标

（一）形态指标

整体成型规格

整体成型长宽高，分别测定能知晓；
对照设计参数表，逐项核对作比较。

整体细部均周到，全部吻合才算好；
依据差异分等级，规格确定自明了。

树干粗细均匀度

多株构造整体型，树干粗细能测定；
数据比对作判定，大小区别分几等。
上下变化有节律，对应高度能齐整；
树干之间要匀称，美观出自统一性。

靠接部位准确度

整体纹样型和图，对齐靠接无差误；
逐点逐段检测好，计算靠接准确度。
靠接不准出差误，图形走样美难出；
依据结果作评定，成型好坏不糊涂。

靠接单株出枝情况

单株出枝定成活，粗细一致无强弱；
长短整齐建树冠，生长均衡要掌握。
逐项测定记结果，差异大小好斟酌；
分级确定有定落，树冠完美出好货。

换接品种情况

需求喜好在于人，花色品种有区分；
即使整体同造型，分色换头需跟进。
可以一型接一品，也可多色混合拼；
产品设计有细分，满足需求靠用心。

嫁接愈合程度

一个整体要成型，单株围合靠接成；

靠接段点若干个，愈合不好会散型。
接点既要愈合紧，还能平滑无凸痕；
愈合程度好与坏，结合稳固最要紧。

整体构型单株成活率

构型单株少与多，生根良好干才活；
干活保证接点合，出枝建冠应包括。
整体单株全成活，缺少一株不成货；
质量保证不用说，完美无缺作定夺。

成型苗木树冠情况

成型整体有树冠，均衡成型应周全；
冠由单株枝长成，生长不均有缺陷。
冠层空间要均占，平衡生长保树干；
成型稳定能后延，长期保存不争辩。

（二）评价成型苗木质量的生理指标

成型苗木评质量，生理指标应优良；
含水充足水势强，苗体壮实有营养。
三项指标作测量，数值高低看端详；
指标综合分几档，对应判断弱与强。

三、调查与检测

（一）苗木调查的时间

只要整体成了型，质量优劣要判定；
生长休眠分期测，综合判定情况明。

形态生理皆测定，数据真实底数清；
有序进行不松劲，出圃之前要完成。

（二）苗木调查方法

调查范围

整体培育已完成，质量高低要评定；
制定价格是依据，底数清楚情况明。
所有整体查分明，评价指标细测定；
数据真实又可靠，定价依据能讲清。

成型整体编号挂牌

整体也有各类型，同类还有各种型；
分类分型挂号牌，方便管理易执行。
有名有号唯一性，号牌醒目且分明；
印制号牌长久在，一型一牌有对应。

编制成型整体苗木质量调查记录表

整体质量要测定，记录表册制作成；
整体编号必列入，指标齐全有名称。
记录表册分级层，总表分表要分清；
单项测定记分表，分项汇总好完成。

（三）成型苗木质量指标的测定

整体成型规格

不论立体或平面，形体成型占空间；
长度宽窄和高度，表形规格自呈现。

形体长度左至右，厚薄有度称为宽；
地面至顶为高度，测量抵齐各两端。
对应尺子教据现，数值单位要明鉴；
逐体记录要准确，长宽高度不糊含。
整体形体若有变，依形测量要分段；
加图标记更清楚，表图合一不错乱。

树干粗细度的测定

一个整体单株数，设计图表已清楚；
不论单株大与小，游标卡尺测粗度。
整体单株若少数，全部测量少差误；
若是形体株数多，抽样测定粗细度。
单株上下不同粗，三个位点测粗度；
完成造型有顶部，还有中点起点处。
卡尺对点紧夹住，读数即得干粗度；
分株对点依序量，准确记录不差误。
分部计算平均数，方差分析标准误；
单株之间作比较，控制差异勿显著。

树干靠接部位准确度的测定

单株靠接构形体，有分有合不猜疑；
点段相合作靠接，位置对应准确率。
靠接点段少与多，抽样测定位置合；
有无差错做记录，偏离多少记正确。
计算偏差大与小，再与设计作比较；
核实接点偏和准，评定质量低与高。

靠接单株出枝情况测定

构形单株要出头，枝头上面侧枝抽；
枝叶茂盛干同长，上下贯通才不忧。
每个单株有枝头，侧枝均衡不糊凑；
方向有致建树冠，依序成形肥和瘦。
逐株检查出头枝，侧枝数量要核实；
各枝空间布合理，记录数据无差次。
核对整体单株数，枝头成活无差错；
侧枝生长差异小，树冠规格才相符。

换接品种情况的测定

形体开出什么花，设计早已确定它；
花色品种有对应，对照测定不能差。
开花之时比较它，测定花色比色卡；
花色吻合品种对，形色相符品自佳。
不论单色多色花，一一比较不糊哈；
品种数量和色号，记录清楚莫欺夸。

靠接部位愈合程度的测定

多株构造形体见，必有接点和接段；
靠接位点数量多，与形大小直相关。
不论接点或接段，相互愈合体稳健；
圆干变扁木同长，干间紧贴皮相连。
树干本为圆截面，靠接一点或成线；
两圆相切沟槽深，靠接愈合零判断。
干间紧贴皮相连，沟槽由深变为浅；
木质共生一体长，愈合程度为一半。

不论两干或多干，干间无沟皮相连；
或圆或扁连一体，方称靠接愈合完。
形体上中下分段，每段确定抽样点；
各点细致做比较，愈合进度记录全。
整合全部取样点，依据数据做计算；
愈合程度平均数，误差大小有判断。

整体形体靠接单株成活率的测定

构形单株少与多，全部检查不放过；
每株从下看到上，顶部出枝要为活。
若有整株不成活，部分或是枯死货；
逐株观测需仔细，记录完整无差错。
整体株数对正确，对应检查记结果；
计算单株成活率，百分之百才为合。

（四）整体成型苗木质量档案

整体造型分类型，各类又有不同型；
质量指标已测定，原始记录需核清。
不论大小整体型，逐个建档有详情；
定价选苗有依据，售前售后自分明。

四、质量综合评价

（一）编制同型整体评定表

整体测定已完成，成型质量需判定；
多项指标综合评，质量优劣分几等；
整体质量要判定，控制性状分四层；

目标约束标准层，评价单株最底层。
第一就是目标层，整体质量优劣性；
总体目标来控制，逐步分解到各层。
第二就是约束层，两项指标来构成；
形态指标和生理，各自分解到下层。
形态指标八构成，尺寸规格控体型；
单株成活是基本，树干同型由均匀。
准确靠接愈合好，单株出枝发齐整；
枝冠分布有均衡，换接品种花色正。
生理指标三构成，水分含量常平衡；
水势强劲保吸运，营养丰富苗坚挺。
第三就是标准层，每个性状标准性；
好坏优劣分几等，对比标准分项评。
第四就是评判层，各个性状测分明；
专家逐项分权重，测定结果要判定。
对比标准数值定，构造矩阵方完整；
计算灰色关联度，判断矩阵就确定。
各个性状总分清，综合总分就确定；
依据分数排顺序，比较判定优劣性。

（二）编制整体造型成型苗木评定结果和利用表

整体优劣已评定，顺序编号要记清；
分型归类列表单，精确选用指导性。
有序选择准和精，整体质量可保证；
优质平价讲信誉，日久品牌会诞生。

第三节 整体造型苗木起苗

一、起挖前准备

（一）包装材料

成型整体要出场，保护苗木须包装；
苗木根干和树冠，各部包装不一样。
根部土团做包装，最好制作包装箱；
材料选用厚木方，箱板拆合好组装。
打孔铁皮应备好，钢钉长度不能少；
固箱钢绳依需要，紧线器具配一套。
整体成型不一样，土球大小需测量；
成型箱体倒梯状，箱体稳固有保障。
成型树干做包装，软毯紧裹树干上；
材料选择自主张，成本高低需考量。
软毯外面绳索绑，粗细适宜抗拉张；
铝线铁丝不主张，防止紧固皮损伤。
整体树冠做包装，软质材料呈带状；
材料亦有不同样，收冠捆紧耐力强。
材料备好库里藏，储备数量需计量；
选准材料供应商，缺口快速能补上。

（二）伤口涂补剂

售出苗木起挖前，整体树冠需修剪；
树干剪截伤口现，损失水分病侵染。

剪口必须要封严，保水防病莫怠慢；
备用伤口涂补剂，移栽成活保安全。

(三) 运输机具

成型苗木大小体，出圃数量依客需；
各型整体有高矮，车厢长度要适宜。
造型苗木种植地，长车可能难进去；
灵活小型吊运车，苗木转运需考虑。

(四) 雾化保湿设备

苗木出圃期不一，时间完全依客需；
若是遇上生长期，全冠移栽更费力。
根系切断水难吸，蒸腾失水不可逆；
确保移栽成活率，保水措施下大力。
雾化保湿最有力，喷雾设备需配齐；
起栽全程雾保湿，保水就是保活力。

(五) 育干单株苗木运输支撑架

整体苗木要出运，颠簸挤压力加身；
避免压断伤树皮，保苗护苗需用心。
整体形状好区分，装车苗木须固定；
活动支架巧设计，安全运输不坏损。
材料多是钢铁身，支架制作焊接稳；
主体骨架不变形，活动支架能拧紧。

二、苗木检疫

苗木出圃有规定，检疫检验防传染；

检疫对象核查清，有无才好作决定。
品种数量报分明，检验合格开证明；
不论数量多和少，证件齐全才放行。

三、起挖苗木的确定

成型苗木已划分，客户选择谨遵循；
牌号数量制清单，依需起挖客称心。

四、起挖

（一）取苗方式

不论整体大和小，带土移栽才可靠；
若是裸根搞移栽，苗木难活风险高。

（二）成型整体苗木修剪

整体树冠本成型，缩冠是能好装运；
树冠架构需保存，疏剪枝叶保水分。
大枝修剪需谨慎，确需剪除下狠心；
剪弱留强需细分，剪口一定要平整。

（三）苗木消毒

苗木消毒为防病，杀菌药剂需配成；
喷雾处理或熏蒸，方式根据药剂定。
配制浓度依说明，药液施用要均匀；
全身覆盖不遗漏，防病效果能保证。

（四）树干包装

动苗之前先护干，软片包裹实又严；
软片上面软绳缠，纵横交错紧贴干。

（五）切根装箱

成型整体要取苗，切根环节少不了；
留根长度长和短，依据标准要记牢。
苗根表土先揭掉，挖松表土往外掏；
去土厚度约三寸，掏尽松土平整好。
留根长度确定好，依照根长干基绕；
绕干一周画出线，方形线框定大小。
距线两寸预留好，预留之外去下锹；
垂直下挖深度到，沟宽两尺方为好。
修整土台用平锹，略大箱板应知晓；
土台修成倒梯形，中部微凸成形好。
麻袋块片土台包，四面箱板安放好；
底边对齐方为妙，土面略比箱板高。
箱体上下安绳套，收紧绳套紧固好；
铁皮钢钉固四棱，四棱上下须钉牢。
再挖一尺深度到，木方长短选择好；
相对箱板点确定，依托土壁箱撑牢。
箱底宽度作对照，底板数量计算好；
拼合能与箱宽齐，制块宽度应明了。
箱下两端把土掏，掏空宽度掌握好；
一块底板能放进，对齐箱底要钉牢。
两端底板已安好，箱体四角垫稳靠；
逐步再把底土掏，依次放板和钉牢。

箱口土面铺麻包，围绕干基钉木条；
木条两端连箱板，两侧平行固定好。

五、吊装

苗木吊装细商议，安全操作是第一；
吊装人员熟技艺，全程监管莫大意。
钢丝吊绳分粗细，宁粗勿小选适宜；
绳索紧固苗箱体，缓慢起吊莫着急。
苗木缓慢放倒地，树冠捆扎不迟疑；
喷雾保湿需跟进，系好拉绳再吊起。
轻轻起吊慢慢移，拉绳调控苗木体；
对准位点缓缓放，按位装车少挪移。
苗木平放车厢底，垫撑干部莫忘记；
苗木分体作固定，防止滑动伤树皮。
单层码放有顺序，相互间隔不拥挤；
严禁重叠超数量，损毁苗木枉费力。

第四节　苗木运输

一、平稳运送

调运证件必办理，安全运输证照齐；
平稳行车需谨记，间隔检查记心里。

二、喷水护干

整车苗木已装进，盖严苗木保水分；
雾化设备安放稳，间歇喷水干湿润。
专人管护需勤恳，细致周到不间停；
运输车辆不带病，一次送达有保证。

第十三章 紫薇育干论谈

一、紫微育干十想

一想长得高，速生品种好，只长叶芽不长花，时间全用到。
二想长得快，光照天天在，温度控制最适宜，水肥同步来。
三想粗细齐，光照强度低，模具控制干大小，节间长得稀。
四想本钱低，技术需配齐，各项措施高效率，数量要成批。
五想长期在，枝干长得乖，根系良好不黑烂，无病也无灾。
六想长得帅，设计巧安排，美学原则要遵守，标志惹人爱。
七想多功能，好看不离身，游玩休闲能遮阴，文境最相称。
八想很古怪，跳出云天外，文形俱佳超常态，几人想得开。
九想高价卖，长成老古怪，人工痕迹变自然，寓意动心怀。
十想春常在，智能温室栽，嫁接换头来安排，四季花儿开。

二、紫薇育干十样全

造型苗木很赚钱，相比价钱翻几番；
育干若要出好品，精心准备十样全。

一是文化要突显，蕴藏含义求深远；
传统文化多秉承，品名立意不简单。
二是形体要美观，精美绝伦令人羡；
单株整体有图谱，成型标准又规范。
三是品种要精选，育干观赏品精专；
速生品种做育干，成型换头色更艳。
四是器具要精练，模架实用形简练；
水肥设施要高端，药械要以效为先。
五是用水要方便，随灌能排根不烂；
水是肥料药引子，水肥同步苗喜欢。
六是土壤莫寒惭，水肥气热很和善；
任凭根系自由穿，叶茂干粗朝上窜。
七是供肥要齐全，细调元素和酸碱；
比例协调不走偏，有效均衡好理念。
八是密度讲窄宽，合理密植不偏袒；
生长条件要均等，株株生长齐展展，
九是田间要细管，苗子当作命心肝；
大小措施不延迟，细查精作把控严。
十是病虫不看见，健壮生长不生烦；
跟踪监测不停歇，综合防治信手拈。

三、紫薇育干十境界

（一）直干育干

一个顶点往上蹿，树身周正通直干；
多干靠接成立柱，缠绕绑扎型显现。

（二）转弯育干

顶梢在手能使然，上下左右能弯转；
单株依图能定型，组合靠接型多变。

（三）超长育干

长度一年能翻番，多年叠加不简单；
超长单株组合用，大型造型能实现。

（四）变型育干

树干原本长得圆，大小渐变能宽扁；
表面凹凸自有度，奇思妙想信手拈。

（五）等粗育干

树干生长平地起，上下粗细自不一；
育条长成能等粗，精美出自大小齐。

（六）超细育条

嫩枝硬化始有粗，继续生长不回复；
树干大小成倍减，靠接成型精美出。

（七）榫卯嫁接

紫薇育条任弯转，转弯必成一弧线；
暗榫卯合角精准，成型完美谁不羡。

（八）无痕愈合

多干造型需靠接，既有交叉又重叠；
接口愈合常突起，自然无痕才奇特。

（九）紫薇专类园

单体造型由多干，多体组合成景点；
多点联合成多线，文景融合专类园。

（十）紫薇城

多种育条都能行，大园小园任由心；
文化融合景随意，精妙绝伦紫薇城。

四、紫薇树干艺术造型十赞

（一）观赏时间长

世上好花惹人爱，哪有一年开不败；
树干造型若长成，春夏秋冬天天在。

（二）干型随心长

水肥气热随时匀，快长一月当三春；
大小高低皆精准，树干随心自有形。

（三）体美如娇娘

体有大小型多样，比例匀称很恰当；
文理附体有神韵，好似十八美娇娘。

（四）组合变花样

单体成型各有样，二维组合任拼装；
大小数量皆有异，奇形怪状变花样。

（五）文化树干藏

纵横交错成图文，幅幅相连文景胜；
大园小景相应出，一枝总关一片情。

（六）大树十年长

原生大树粗一米，最低百年才长起；
多干靠接成大树，长成不费十年力。

（七）体验动心房

个个都有俏模样，美如画卷诉衷肠；
摇摆转动随起舞，处处让人动心房。

（八）园中成画廊

树枝如墨进画框，上下左右自有方；
绘图写文随处起，首尾相连成画廊。

（九）花彩情荡漾

花束簇拥色飞扬，花色组景奇异样；
色彩渐变绘长廊，随处花彩情荡漾。

（十）赏游胜天堂

园中处处皆画廊，翩翩起舞情荡漾；
相对自有情如意，此处有景胜天堂。

五、如何花大又整齐

造型苗木长成型，好似姑娘长成人；

身材楚楚动人心，花枝招展更传神。
一要花序大又紧，二是摆布要成型；
三是大小能一致，同期开放笑盈盈。
姑娘动人三分美，七分打扮凑十分；
花容月貌靠梳妆，细处着手巧耘耕。
品种选择细又精，习性相同花同生；
一个品种好长成，多个品种花同龄；
人人都想花茂盛，花好还要根常兴；
水肥气热调节好，肥力供应要均衡。
水有源头树有根，花枝本是芽长成；
芽头大小选一致，开花枝条先确定。
开花枝条芽头定，各自空间要分清；
光照充足又均匀，互不干扰同步生。
满树芽头一起生，长势均衡要保证；
上下位势虽相近，留芽抹芽位要正。
同树发芽枝叶生，枝间也在搞竞争；
水肥温光不均衡，长短大小就产生。
花枝不是一日成，细节随时要紧盯；
有了差异想办法，多种措施来调整。
枝条生长有外形，生长强弱自分明；
刻伤摘叶药调节，扶持弱枝抑强盛。
各项措施重与轻，多年试验弄分明；
恰到好处组合用，同步生长促均衡。
花枝一起能长成，大小一致花有形；
同步绽放自不语，妖娆惊艳袭路人。

图书在版编目（CIP）数据

树干为笔写诗意：紫薇活体树干艺术造型技术 / 李木良，李晓红著．—北京：中国农业出版社，2022.11
ISBN 978-7-109-29821-7

Ⅰ．①树…　Ⅱ．①李…②李…　Ⅲ．①树干一定向培育　Ⅳ．①S758.1

中国版本图书馆 CIP 数据核字（2022）第 146837 号

树干为笔写诗意：紫薇活体树干艺术造型技术
SHUGAN WEIBI XIESHIYI：ZIWEI HUOTI SHUGAN YISHU ZAOXING JISHU

中国农业出版社出版
地址：北京市朝阳区麦子店街 18 号楼
邮编：100125
责任编辑：国　圆
版式设计：杜　然　　责任校对：吴丽婷
印刷：北京通州皇家印刷厂
版次：2022 年 11 月第 1 版
印次：2022 年 11 月北京第 1 次印刷
发行：新华书店北京发行所
开本：880mm×1230mm　1/32
印张：7
字数：200 千字
定价：48.00 元